矶崎新

ARATA ISOZAKI

世界著名建筑大师作品点评丛书

（意）劳拉·安德烈尼 编著
Laura Andreini
袁瑞秋 译

大连理工大学出版社

图书在版编目(CIP)数据

矶崎新 / (意) 安德烈尼 (Andreini,L.) 编著 ; 袁瑞秋译. — 大连 : 大连理工大学出版社, 2014.6
(世界著名建筑大师作品点评丛书)
书名原文: Arata Isozaki
ISBN 978-7-5611-8139-3

I. ①矶… Ⅱ. ①安… ②袁… Ⅲ. ①建筑设计—作品集—日本—现代 Ⅳ. ①TU206

中国版本图书馆CIP数据核字(2013)第192489号

出版发行：大连理工大学出版社
（地址：大连市软件园路80号　邮编：116023）
印　　刷：利丰雅高印刷（深圳）有限公司
幅面尺寸：192mm × 258mm
印　　张：7.5
插　　页：4
出版时间：2014年6月第1版
印刷时间：2014年6月第1次印刷
责任编辑：初　蕾
责任校对：仲　仁
封面设计：张　群

ISBN 978-7-5611-8139-3
定　　价：48.00元

电 话：0411-84708842
传 真：0411-84701466
邮 购：0411-84708943
E-mail：dutpbook@gmail.com
URL：http：// www.dutp.cn

如有质量问题请联系出版中心：（0411）84709246　84709043

ARATA ISOZAKI

目　录

图片展示

引言

矶崎新：一个折中、敬业、大胆创新的建筑大师

矶崎新作为一名建筑师，在国际建筑舞台上打拼了40年，这是一段非凡的经历。他在20世纪的某一段时间和某一个区域内，成绩斐然，占有不可磨灭的地位。

概括来说，这位建筑大师的设计生涯的第一阶段始于20世纪60年代，他代表了当时新陈代谢思潮的各种复杂关系——热衷于建筑行业，敢于挑战各种难题。乌托邦思想至今在这位引人注目的日本大师的作品中仍清晰可见，其中表现尤为突出的是未来派艺术家机械论和淡化时间及距离概念的超前特征。矶崎新设计生涯的第二阶段始于20世纪80年代中叶，代表作是筑波中心大厦，这个设计方案的主导思想是体现历史和时间价值的重要性，其复杂程度溢于言表，而方案的设计过程始终贯穿着后现代主义和历史循环论者的文化与艺术思想。在设计生涯的第三阶段和现阶段，矶崎新经常进行多种造型的研究与探索，他认为设计就是各种信息与认识升华的源泉。但是，在对矶崎新的观念进行评论之前，必须懂得他的工作范围、内容和意义，因为他的设计通常是超前的。

在矶崎新的观念里，时间被认为是永恒的自然节奏，从过去到未来的延续；一座建筑在每个时期都应该有其新的价值，而这个价值无论在哪个时期都不会改变。这种观念赋予时间以绝对价值，这可能是受东方思想的影响，“在今天来看这个问题，我认为应该把时间价值看成是不定的、变换的、非永恒的、可更改的，但这也不是绝对的，只是相对而言。我坚信每一个人都有自己的时间观，以不同的方式与另一种时间概念平行发展，有的快些，有的慢些。另外，与常识相反，我不认为随着时间的流逝只存在一个发展方向，即一个由过去到未来的潮流，否则，每一次的设计方案，根据那种不同观点，只能是在不同的方向走回头路。”

实际上，矶崎新认为每一个人都有自己的时间概念和自己的特长或爱好，这是一个在特定的时期内表现在各种事物中的常识，但不能表达一个确切的概念，没有共性，只是一个泛泛的共识，一切都显得那么笼统，在观念层面上没有任何意义。

矶崎新的现代“传统”思想，尽管是在与日本现代建筑大师丹下健三（Kenzo Tange）的合作过程中形成的，折射出一种相似的观念，但是在初期并不被人们所认可。矶崎新认为，“现代思想实际上与起源和结果紧密相连，因此才被认为是现代化的顶峰。从追究起源中划分其结果没有任何意义，所以这是一种超脱。接受起源思想就意味着把时间作为永恒的绝对价值并赋予其真实性，这可能是永远不变的，但是我们也不能完全肯定。从时间观念出发，我的见解正好与新陈代谢和乌托邦思想相反，我也认为这些现象和激情只是形成年代的标志”。

矶崎新在20世纪50年代考入大学，从1954年至1973年在丹下健三的设计研究室工作，但时间上不是连续的。其中，前10年是在丹下健三的直接带领下工作，这个研究室可能是第二次世界大战后日本建筑行业最有实力的研究室。从1963年至1974年，尽管不公开，矶崎新作为外部合作者还是与丹下健三的研究室保持着密切的合作关系。

对页图
哥伦布市科学馆，内部空间一角

"空中城市"，
1960~1963年

在20世纪50年代后期，丹下健三认为有必要发扬日本传统建筑文化，这类建筑艺术已经在桂离宫和伊势神宫等典型案例中体现出来，即利用与现代的差距和现代建造技术，通过革新把它变成现实。矶崎新对此毫不质疑，立刻投身其中。这种观念赋予设计工作以极高的价值和足够的重视。在那个时代的日本，建筑师只被认为是工程师的助手。1960年，矶崎新参加了丹下健三对东京海湾的设计工作，并获得了巨大成功，这不仅体现在城市和建筑价值方面，通过这项设计规划，日本建筑师的地位有了明显的提升。他们变成了与社会对话的具体形象，变成了孕育和规划整个城市发展方向的对话者。在合作者中，除了年轻的矶崎新、黑川纪章和神谷，还有很多其他建筑师随即也变成了国际名人。

在东京国际设计研讨会上，日本第一代建筑师，如黑川纪章、菊竹清训、桢文彦、大高正人等，都属于新陈代谢主义者。而矶崎新坚持个人的不同见解，更加追求新陈代谢主义和现代流派运动。实际上，矶崎新在与丹下健三合作的整个阶段中，一直都在坚定地发展和完善自己的设计理念，朝着"青出于蓝而胜于蓝"的方向发展。东京海湾和空中城市的规划方案没有太大的差别，因为都是利用了乌托邦思想，摆脱了原有造型的惯例，独树一帜，而且两者起到了互补作用。很清楚，矶崎新把他的见解孕育成了宏伟的东京海湾总体规划的一个组成部分，一个建在树干上的居民区出现在现实的城市之上，其结构给人以毫无约束、自由伸展的感觉。

如果说丹下健三在分析日本传统文化中的现代价值时，仍在寻找西方文化的比重，那么矶崎新的观点是，必须放弃那些以比例概念、精确的格式、黄金分割进行设计的思想，找出一个恰当的方法，利用简单的几何造型和形状弥补存在的缺陷，而那些形状不是通过修改原始造型而产生的。

矶崎新表明自己的兴趣是追求革新，在处于启蒙状态许多年后，不可避免地走上了巧妙运用几何造型和形状之路。这些造型和形状，归根结底来自于历史和西方世界的各个流派。从这个角度来看，他的所有的设计方案都可以据此解读，从1964年大分行政署的立体结构，到富士山乡间俱乐部半圆拱形的奇怪形状，再到建于1981至1986年之间的洛杉矶现代美术馆的几何结构。

从另一个角度来看，丹下健三表现得比矶崎新更保守，至少在前20年的工作中，他似乎是在部分地遵守、容忍、改进，就像是循规蹈

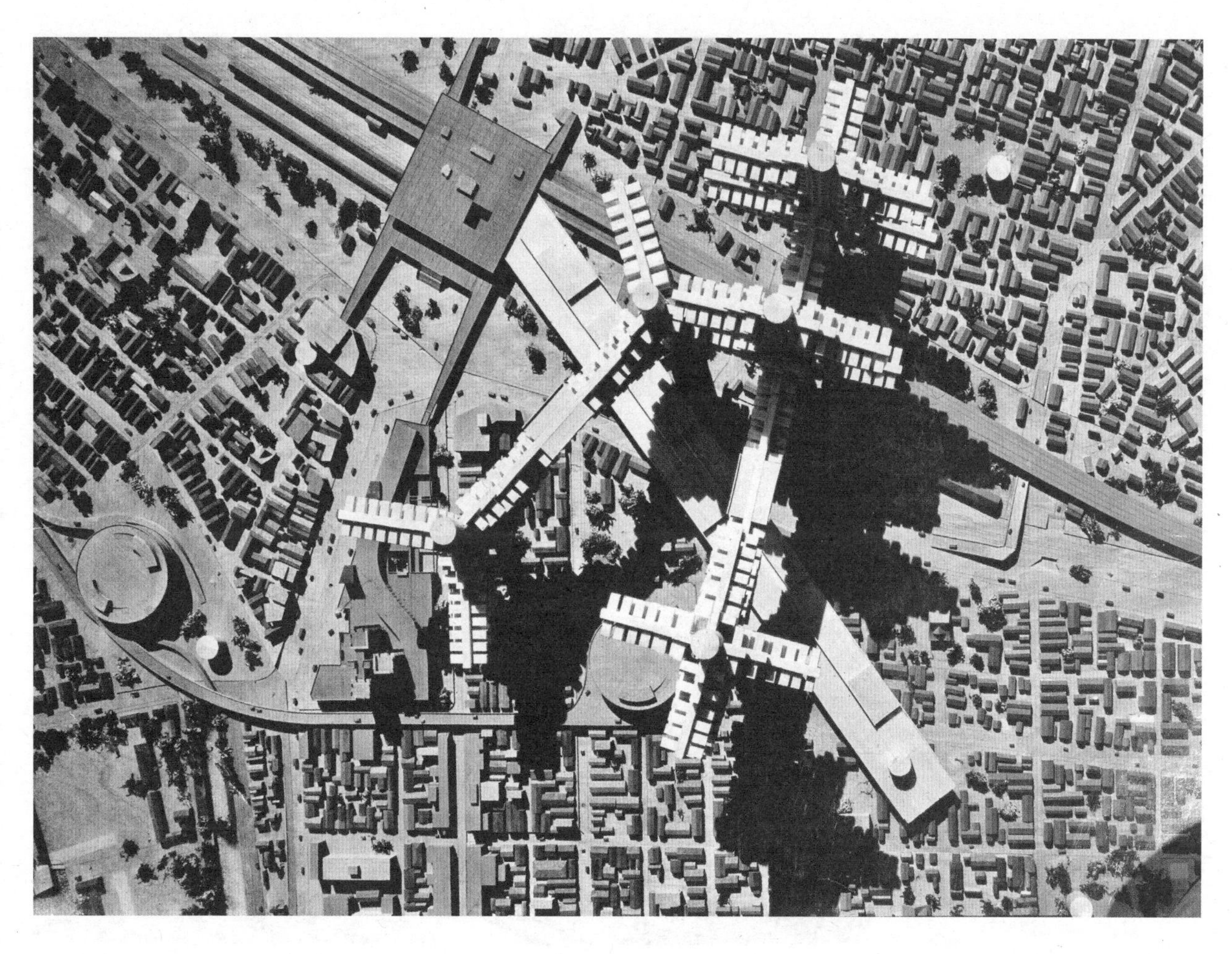

“空中城市”俯视图

矩地生产产品。但最后以一种特殊的方法超越了这种观念，那就是对称观念。

在很多设计方案和已经建成的作品中，我们可以明显地看出必须打破对称观念，因为它严重地束缚了我们的思想。也有人试图通过各种补充、连接等组合方式与城市布局相互协调，由此作为城市结构的替代方案，以一种似乎是无序的、城市结构之外的建筑来实现城市布局的协调性。

在那个时期，新陈代谢派和丹下健三设计出许多种结构，与大部分日本人共享在走向未来的道路上所取得的巨大成就。同时，矶崎新的理念也表明，通过克服发展中的困惑和掌握先进技术，可以给人们带来极大的喜悦感。而进步往往是伴随着消极的态度而获得的，这就像发明原子弹一样。他对新陈代谢主义的评论就是摧毁各种有序的确定的形状，厌恶把一切高度具体化，就如“未来的城市就是废墟”，或者“所有的城市都要被拆毁，随着循环周期重新诞生；一个城市的容貌不是固定的，而是在变化中形成的”等提法。

丹下健三为广岛原子弹爆炸原址所作的设计于1952年建成，而矶崎新的“空中城市”方案是在1962年提出的。显而易见，这两位大师的思路具有同样的重要性和同等的价值意义。如果说丹下健三强烈地影响了矶崎新设计生涯的初始阶段，那么也可以说矶崎新的研究和建议影响了丹下健三，这通过对比两者的相互关

“空中城市”模型

系可以看得很清楚。矶崎新不同意把时间观念用作按年代排列和评估的手段，他认为顺从别人鉴赏作品的思想而没有自己的识别能力，这是一种毫无意义的虚伪表现。矶崎新的目的是把建筑学、不同的试验、题材和建议都纳入他的研究工作中。设计应因地制宜，与其他建筑师反其道而行之，否则就会显得空洞无力、毫无意义。对单个设计方案而言，这样做提供了一种可能性，提供了深入了解的新机遇。“我对署名问题不感兴趣，如果一个观念能使人持续感到它的实际价值就足够了。如果有人使用了我的部分理念，我将感到由衷的高兴，因为它让我消除了能否派上用场的顾虑。还有，密斯·凡·德·罗大师也设计了很多钢材和玻璃结构的作品，在他之后，很多建筑师都做出了同样的贡献，但是尚未被人接受。一个建筑的主体，更确切地说，它的真实性并不重要，也不代表什么。”

这个态度非常重要，因为这是他工作的真实写照，表现在他的专用语言和风格上，而在居住、土地利用、技术等方面则具有不同的价值。

根据在“空中城市”设计方案中所采用的方法、现实生活的具体情况，以及在最大范围内改善人们传统生活条件的愿望来分析所有的现状，矛盾就出现了，即在现实生活和科学幻想之间的一种对立，这种对立就是矶崎新在各个阶段的研究焦点之一。

矶崎新说："关于城市的发展观，在将来的某一天，可能会被证实采用完全对立的观点的必要性。城市就像一个现实生活中的人，是一个随着时间的变迁而变化的实体。每当我们给城市增添新作品的时候，如果决定建造一个与城市布局相协调的建筑，或者相反，尝试以与传统结构并举的方法创造一个明显的对立，那么，结果就会活生生地展现在我们面前。"

第一种方法属于连贯思维的范畴，这似乎不是矶崎新从导师那里学来的；第二种没有确切的名称或者可辨别性，是通过脑中的设想建立在现代理论之上的。矶崎新出于一种悟性和一种兴趣，长期坚持着自己的看法，他的作品明显地表现出一种对立的思想，他对于部分或者全部代替原有建筑的除旧立新的思想毫不质疑。对矶崎新而言，在新旧建筑之间插入一个空间、一段距离或者采用一种超前的方法，完全可以消除它们之间相互抵触的现象。"无论对于施工还是设计来说，在现实的城市之上设想一个庞大的结构或者一条高架公路都是可能的，然而，我们应该自问，出现这种变化是否合适？"今天看来，这些情况确实是有可能发生的。矶崎新的立场表明了一些与新陈代谢主义者不大相同的理念，因为那些人与大师在造型方面是不谋而合的。矶崎新发现作为一个从各种观点中产生的流派，新陈代谢派应和了乌托邦思想，就像宣传的一样，独立于社会和道德。年轻的建筑师把它看作是对各种事物进行分析的"供养中心"，这与他的理念很相似。

为了看清楚矶崎新当时的兴趣和他与其他日本建筑师的根本差别，我们必须回顾一下1968年他参观米兰艺术展时的情况。当时，矶崎新的作品引起了轰动，他认为这意义深远，现代派在他眼里似乎失去了价值。"我记得很清楚，布鲁诺·赛维（Bruno Zevi）写过一篇短文，分析了对工业社会持批判态度的年轻设计师的状态，然而，就是这种状态造就了一大批设计师。他们的行为都与当时受批判的工业社会密切相连，也是这个工业社会必然的产物。布鲁诺·赛维认为，否定工业社会就意味着否定他们自己的存在；否定他们自己的起源；否定他们自己的工作。这种观点表明了当时一种自相矛盾的状态，不知道布鲁诺·赛维是否清楚整个状况，但是他肯定知道存在着观念上的冲突，而且这个冲突很难从劳动者或者领导者的角度进行引导，只能是随着具有明显后现代主义特征的各种关系的共存变得更加复杂。这

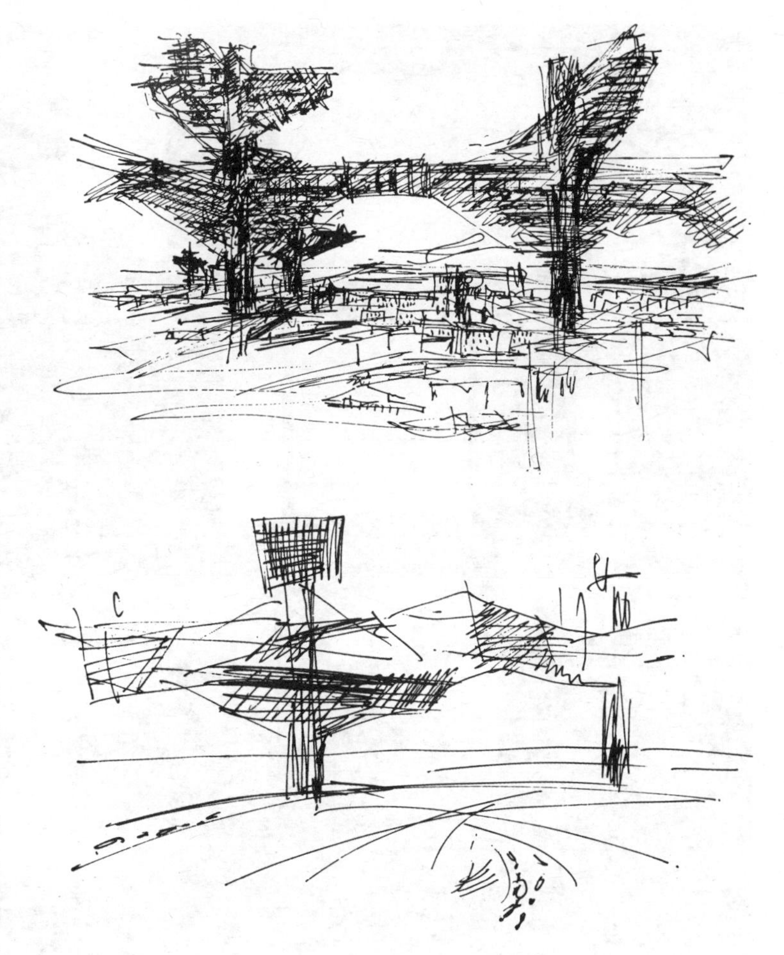

"空中城市"草图

上图
中山之家，大分县，建于1964年，毁于1991年

对页图
近代美术馆，群马县，1971 ~1974年

种不确定性和复杂性缩短了我与新陈代谢主义者的距离，结果他们在批判我的同时，又感觉赞同我的某些观点。"

很可能就是由纳塔利尼、布兰齐，还有阿尔基格拉姆和霍伦精心策划的米兰艺术展激发了矶崎新吸收那些策略上更新、更“激进”的方法的兴趣，这些都直接反映在他的研究成果里。在那些复杂和对立的设计方案中，矶崎新凭着他的聪明才智，取得了很多具有突破性的进展——有多高的理论水平就有多完善的规划。从前卫到后现代思想是一种相似的状态，但对于矶崎新来说，这是一个与后现代主义相距甚远和完全不同的问题，他认为这纯属历史循环论范畴，与风格、时尚紧密相连，与在近期发展起来的方法论没有任何内在的联系，特别是在设计方面。

在了解了现代状况的复杂性之后才明白，矶崎新主张的后现代思想属于超前卫思想、空想 “国际样式”的一种方法或者一种观点。“根据某些历史学家的观点，在1968至1989年（拆除柏林墙的那一年），整个世界舞台被两种倾向所占据，孕育着超越现代主义的萌芽：一种是后现代主义，另一种是反建筑主义。关于后现代主义，至少在日本，我被认为是有责任的。关于反建筑主义，德里达（Derrida）被认为是代表人物，而我认为这种评论是极端错

筑波中心大厦，残存建筑物，1979~1983年

误和肤浅的。当然，我是一个完全生活在后现代时期的建筑师，也是一个具有后现代思想的建筑师，但是我不是后现代主义的先知，同样，德里达写过文章，提出了逻辑性很强的反建筑主义理论，但是他也不是反建筑主义的专家，所以他也感到不悦，或者不明白为什么以如此表面化的方法对其进行分类。"

从这些语言里可以看出，矶崎新从思想和行为上"忍受"着被图解化的不悦，他好像被局限在完全由时尚逻辑和循环构成的圈子里。

在20世纪70年代，矶崎新认为自己有必要集中精力，研究不同于城市表象的具体的设计方案。作为一种选择和一种特殊的自我认识，矶崎新放弃了对整个城市的兴趣。当然，这些态度和兴趣在他的思想中产生了对立和矛盾，在世界范围内，特别是在他自己的国家里，矶崎新被认为是唯一能与现代要求展开讨论的对话者。

在这个阶段，对于矶崎新来说，筑波中心大厦的设计方案是最重要的。矶崎新把它看作是一次机会，通过它，日本有可能建造一个新的中心，建造一个全新的城市。尽管规模不大，但确实代表着一个新的中心。矶崎新说："这有点类似于'新罗马'。筑波中心大厦的

取材于有关广岛废墟的照片，被毁城市未来的结构，米兰第十四届艺术展，1968年

总体设计方案是一个创举，因为它是根据能够代表某些价值的方式，而不是自我炫耀的方式，以及在受到日本传统制度制约的背景中发展起来的。我想避免出现那种现象，即按照现代逻辑建造的新建筑被传统建筑包围着，因此我想在设计这个中心时丝毫不采用日本的传统元素，而以中性的方法来代表日本，这是我个人秘密的、小小的愿望。另外，就是新城部分，我认为所采纳的形象标志对于日本来说都应该是新的，摆脱日本传统中的沉重的部分。接下来，我尽量把精力集中到欧洲形态学要素上，我喜欢欧洲的形态学，但是我不会像历史循环论者那样照搬原作，因为那将产生一个毫无意义的移植产物。我认为如果在不同背景中利用了历史的要素，那么这些要素就不再属于历史循环论的范畴了。比如，米开朗基罗将马尔库斯·奥列里乌斯的雕像移到了坎比多利欧广场的中心，突出了这尊雕像的价值。我也曾经尝试过一种设计方案，比如在广场中心位置修建雕像和水池。”

矶崎新采用纯粹的几何要素是引证了勒杜的设计主题，总之，他的设计方案是对传统要素进行分割、重组，利用调换位置和移植等方式避免对历史要素的简单重复，以此来肯定新的设计方案，这些在评论文章的开头已经介绍过了。

另一个与筑波中心大厦设计方案相关的主题是：引用的观点和造型在矶崎新的思想和工作中已经或者正在形成其明显的标志，而且矶崎新会多次运用这些标志。“每一种标志和每一座建筑都体现出一个根本的主题，它的价值在表明现代主义意义方面是无法估量的，而引用与组合的部分，又打破了空间与时间的相互制约的关系。

在同一时间内，人们对筑波中心大厦这个项目褒贬不一，总是对它的历史循环论有争议。但是这个设计方案被公认为是一个历史的循环，依我看，这是远离我的意愿的不恰当的解释。

传统建筑要素的引用和各部分与文化及高科技之间的关系，表现出了各种远景，它们在同一时间内相互衬托，不发生任何冲突，这样，轻重结构可以共存。每一个主体，每一次机遇都会被选用在建筑中，没有抑制，没有担忧，产生积极的反差，这是我所追求的，直到20世纪90年代。”

在现实生活中，人们可以听到许多媒体或者各种人群的声音。虽然矶崎新似乎在其生活的社会当中调整着自己的理念，但在同一个设计方案内存在的不同造型均代表着一种状态，体现出其后续工作的特点。

所有的观点和信息都以这种方法被弱化了，建筑师们的工作重点也都转向了将准则和象征变成可以使用和居住的具体形状。

用材料表达和调整大量的信息是建筑师们的任务，从设计到艺术，只有通过这种方法才能实现创作的目的。重要的不只是修建一个物体，而是要有一个总体的策略，当社会环境和政治与经济条件允许的时候，一种观念随时都可以被具体化。矶崎新接着说：“所以，如果我的设计方案在今天不被认可，我绝不会为此而担心，因为就像我说过的，我在40年以前所作的设计或拆除方案，在2000年之后才实现。以前阻碍修建的那些不利条件现在发生了变化，那些作品随着时间和距离的推移也变成了现实。”

矶崎新认为，一个设计方案要想变成现实，需要经受时间和因意外条件而不被接受的考验。一个创举不取决于某些建筑细节、技术和挖掘它本身的可能性，而取决于根据过程采纳的各种设想。比如，筑波中心大厦的设计方案就是一种拼贴画，是一种不属于历史循环论领域的各种设想和各种形状的总汇。在中国所作的一个设计方案中，矶崎新根据自己的经验，在正面借用了中国印刷术中的某些灵感，使合理的完整的几何造型在大块的突出部分体现得淋漓尽致—— 一个巨大的立方体与由电脑绘制而成的宏伟结构融合成一个整体。这种设计体现的是许多不同要素共存的思想，而这些要素都是由零散的碎片组合而成的。

矶崎新探索的方法是将可能的各种要素与在三维空间中能使人看见的并发挥想象力的宇宙观重合在一起。菲利普·约翰逊在现代艺术博物馆展览会上创造了一种国际术语，用来区分不存在的复杂实体的风格，它就像一面有关风格的镜子，折射出当今许多建筑师和设计师的特点。

近期，矶崎新的许多作品都表明了不同要素的共存，体现出了其对城市的各种设想。比如，多哈大学城总体规划就是围绕着以典型拱廊为标志的巨大广场展开的，还有一个边长为150米的租借地，可容纳三千多人。这个总体规划设计还包括两个塔楼，它们的基座创造了一个能使各部分相互对话和相互贯通的空间。

各部分之间的对话和协调构成了近期矶崎新很多设计方案的特征，因为促成这种设计的

筑波中心大厦，日本艺术之树，长泽

社会环境与朝着共存方向发展的设计策略变得相互协调了。有时候，同时采纳各种要素然后合在一起就能形成一个总体。

如果说在奈良的设计方案中，矶崎新只是起步于简单的造型，那么他最近的范例似乎表现出了比较复杂的模式，就如皮诺内斯的雕刻作品或者哈德良别墅一样，矶崎新认为“都是很好的典范，通过不同片段的纽和，和谐地构成了一个新的整体”。

按时间顺序排列的大事记和作品列表

1931年　出生于日本大分

1954年　毕业于东京大学建筑系

1954年　与丹下健三工作室和城市建筑设计研究所（URTEC）合作（直到1963年）

1960年　大分医药联合大厅

1962年　大分县图书馆

1963年　设立矶崎新工作室

1964年　中山之家，大分

1966年　福冈银行，大分

1970年　70年展览会，节日广场，大阪

1972年　美术馆，福冈

1973年　矢野之家，横滨

1974年　近代美术馆，群马
Shuko-sha大厦，福冈

1975年　日本西部展览中心，福冈
神冈市政厅，岐阜

1976年　"矶崎新旧作回顾"展览，纯艺术画廊，伦敦
早石之家，福冈
贝岛之家，东京
青木之家，东京
大分视听中心，大分

1977年　"引用与隐喻的建筑——矶崎新：建筑作品1960~1977年"展览，
Gato-do画廊（东京）、福冈美术馆（福冈）

1978年　日本电子玻璃公司的健身房和餐厅，滋贺

1979年　筑波中心大厦，茨城

1981年　现代美术馆，洛杉矶
"矶崎新印刷展"，Gendai Hanaga 中心和GA画廊（东京）、中上之家矶崎新大厅（福井）、西田画廊（奈良）、Shuko-sha画廊（福冈）

1983年　圣乔尔蒂体育馆，巴塞罗那

1985年　北九州美术馆，福冈
东京市政厅扩建工程，参加设计竞赛

1986年　"英国皇家建筑师协会金奖得主矶崎新，东京市政厅项目"展览，9H画廊，伦敦

1987年　迪斯尼总部大楼，佛罗里达

1988年　当选为日本大厦委员会成员

1989年　富山博物馆，富山

1991年　毕尔巴鄂古根海姆博物馆，参加设计竞赛
现代美术馆，摩纳哥，参加设计竞赛
“矶崎新：建筑1960~1990年”展览，当代美术馆（洛杉矶）、东京车站画廊（东京）、水户艺术馆和现代美术画廊（茨城）、现代美术馆（群马）、梅田大丸美术馆（大阪）、北九州岛城市近代美术馆（福冈）
奈义町现代美术馆，冈山
B-con 广场，大分
京都音乐厅，京都
县立文化资源图书馆，大分

1992年　奈良百年会馆，奈良
中谷宇吉郎，雪晶博物馆，石川

1993年　西警察局，冈山
人类科学馆，拉科鲁尼亚
巴斯博物馆，扩建工程，佛罗里达
会议艺术中心，静冈

1994年　获英国皇家建筑师协会荣誉奖
哥伦布市科学馆，俄亥俄州
群马县立近代美术馆，近代艺术部

1995年　普拉多博物馆修建和扩建工程，马德里，参加设计竞赛
群马天文台，群马
秋吉台国际艺术村，山口

1996年　艺术广场，大分
米诺瓷器公园，岐阜

1997年　圣母百花大教堂，佛罗伦萨，参加设计竞赛
媒体与艺术中心，山口

1998年　国家大剧院，北京，获设计竞赛一等奖
乌菲齐画廊新入口，佛罗伦萨，获设计竞赛一等奖
美国文学艺术研究院名誉会员
文化中心，深圳
千禧之屋——谢赫·阿勒萨尼别墅，多哈，卡塔尔

1999年　赫尔辛基音乐中心，参加设计竞赛
Caixa Forum美术馆新门，巴塞罗那

2000年　2006年都灵冬奥会冰球馆，都灵

2002年　卡塔尔国家图书馆，多哈，卡塔尔

2003年　米兰展览馆
TAV 火车站，佛罗伦萨，获设计竞赛一等奖
卡塔尔会议中心，多哈，卡塔尔

2004年　Puerta America酒店，马德里

2007年　“矶崎新最近作品——日本、中国、欧洲和中东”展览，艺术广场，大分

米兰展览馆草图

日本文化技术中心

波兰，克拉科夫，1990~1994年

从维斯图拉河（Vistola）对岸看到的外观

日本文化技术中心于1994年在古都克拉科夫建成，项目包括：一个多功能厅、一个展览馆、一个图书馆、行政办公室、茶室和不同的技术场所。

这个建筑坐落在维斯图拉河岸边，建筑的屋顶下设有一个宽大的平台，站在平台上可以欣赏到维斯图拉河对岸的城堡和老城的景观。如今在波兰，新材料和新技术的应用也非常广泛，虽然本项目对建筑结构采取了简单易行的办法，但在建造展览馆的过程中还是利用了高科技手段，即在木质和钢结构的屋顶上覆盖了一层波

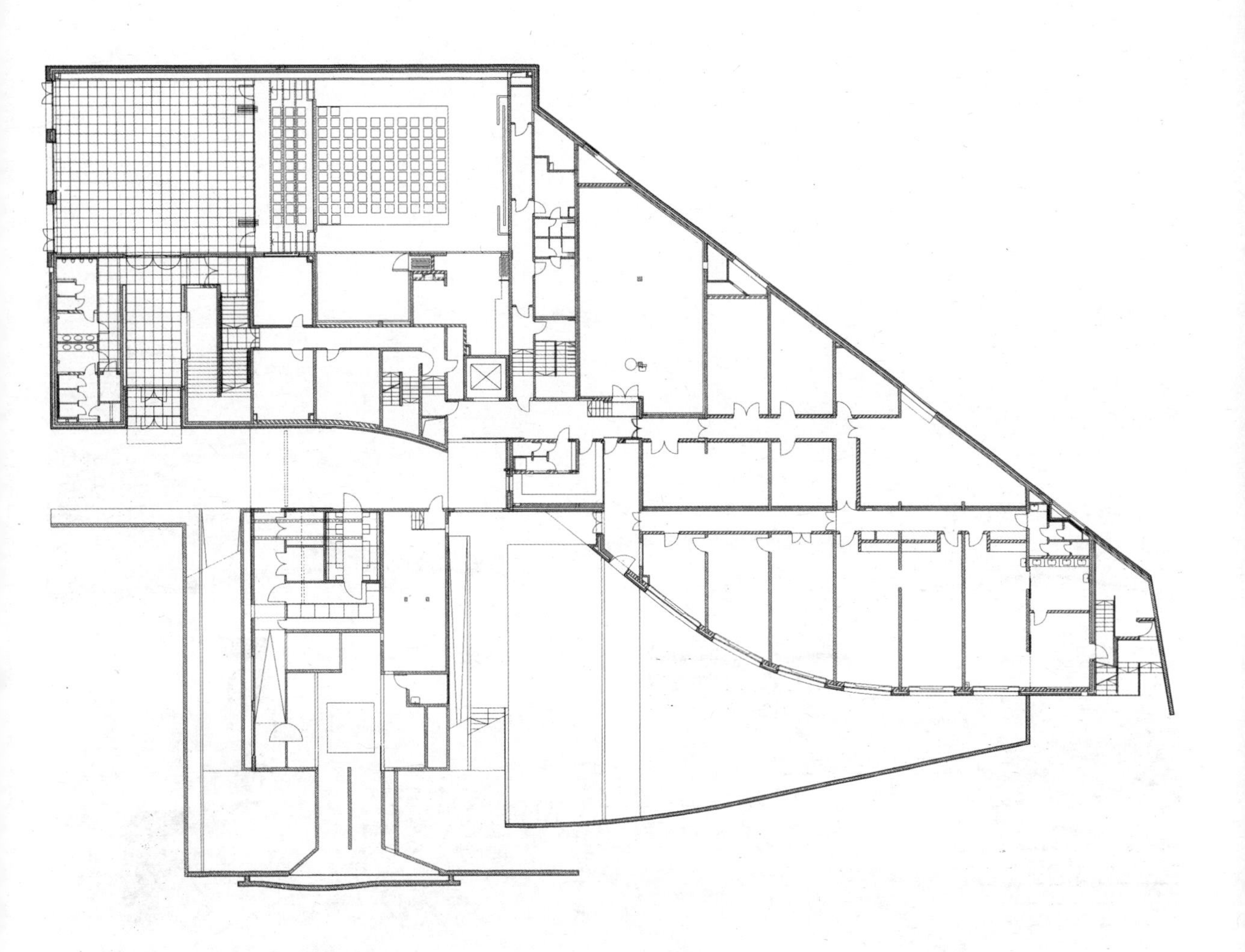

浪形的镀锌板材。靠河一面是建筑的正面，采用了大面积的开放式设计，而靠近Konopnicka街的一面是建筑的背面，采用了封闭式的设计，目的是避开交通的干扰。屋顶边缘是正弦曲线形的，而大面积的平面是双曲线和抛物线形的，这些线条组合在一起并相互影响。虽然这些不是典型的日本建筑元素，但如此设计的目的就是对日本历史和文化的一种隐喻。

平面图

正门外观

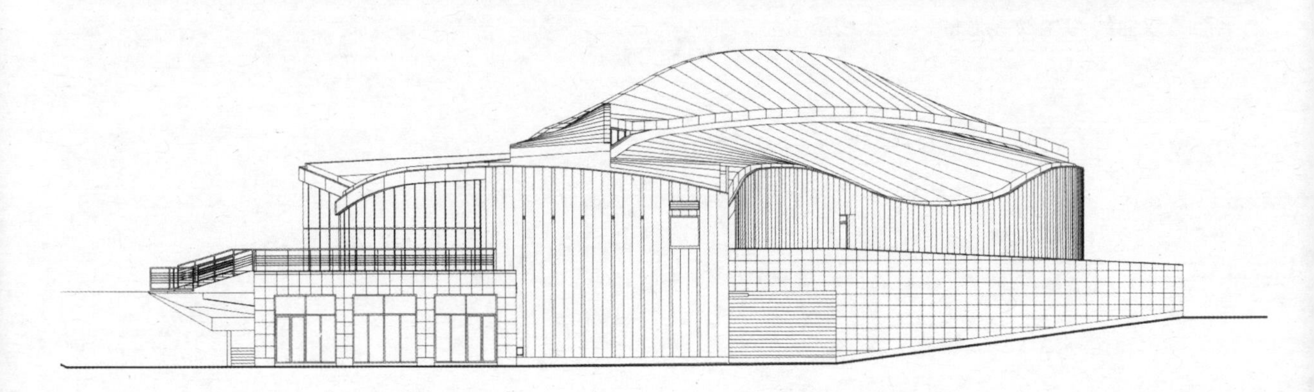

展览馆内景

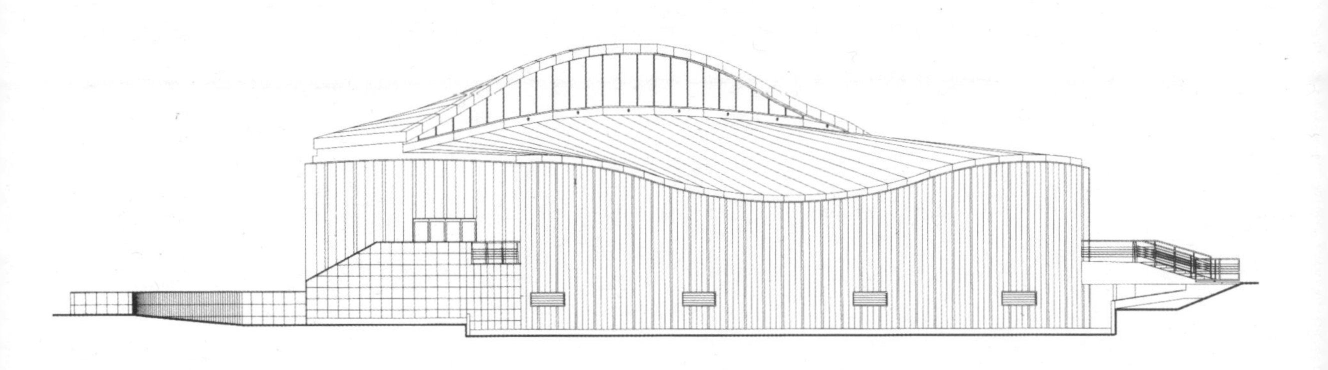

现代美术馆

日本，奈义，1991~1994年

东北方向外观

奈义町现代美术馆、城市图书馆和餐厅的建成将多个单体建筑结合到了一起。美术馆坐落在背面，图书馆设在美术馆的二层和三层，底层的左边是一个小型的画廊。餐厅是一个独立的空间，靠近南面，由一片竹林围起来，在这里，参观者可以就餐或者小憩片刻。此外，还有一个商店，参观者可以在此购买一些地方特产。

建筑之间是相互连通的，由一条“道路”连接，目的是要营造一种轻松的氛围，没有压抑感。建筑的绝大部分设计是为了方便这里的居民使用，但是美术馆的结构超越了当地的设计界限，目的是要体现国际艺术以及国际美术馆的发展趋势。

美术馆内陈列了3位艺术家的作品，展期相对固定：荒川修作的展室以“太阳”命名；冈崎和郎的展室以“月亮”命名；宫胁爱子的展室以“大地”命名。第

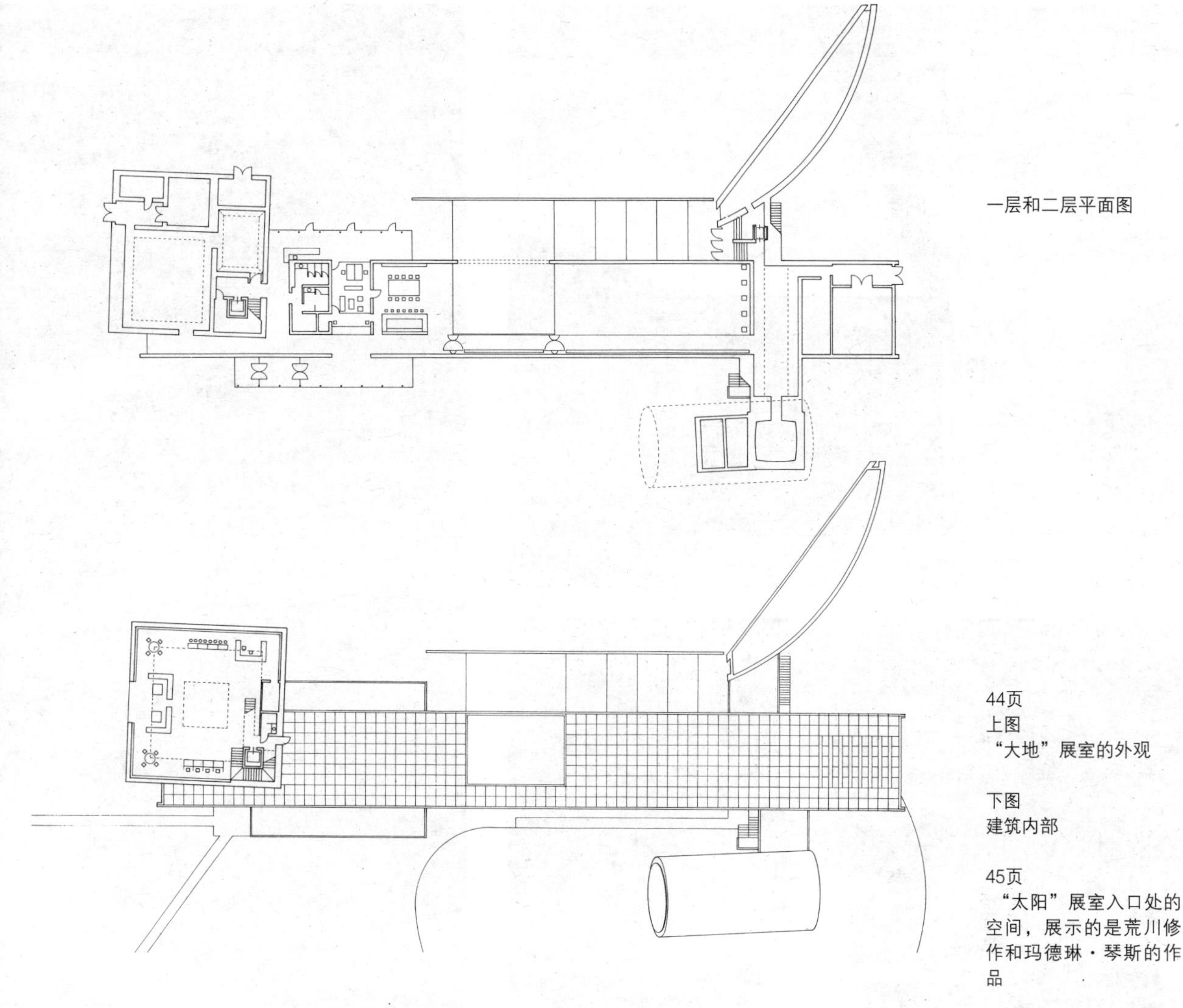

一层和二层平面图

44页
上图
“大地”展室的外观

下图
建筑内部

45页
“太阳”展室入口处的空间，展示的是荒川修作和玛德琳·琴斯的作品

一个展室是一个倾斜的圆筒形状，中轴线南北方向定位；第二个展室是半月形的；第三个展室是半掩在地下的空间，中轴线朝向奈义町的山顶。这种处理方法使人联想起日本艺术的特点：一幅展示出昼夜动人景色的画卷。但是建筑设计的原意并不是重现日本艺术的特点，而是要代表三位个性完全不同的艺术家，通过展示他们的作品来研究他们的艺术成果。如今，如果从展示艺术作品的角度来看，那么这个现代美术馆仍然是举办展览的最理想的场所之一。

奈良百年会馆

日本，奈良，1992~1998年

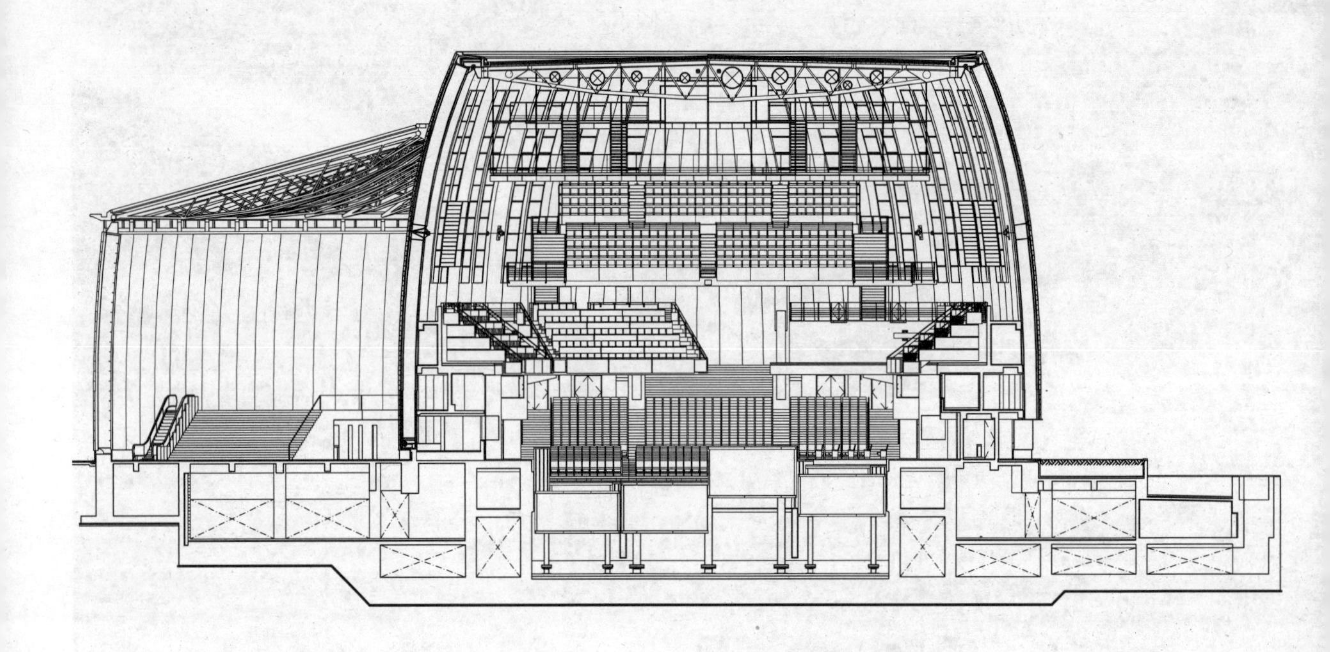

剖面图

奈良百年会馆的外观是一个巨大的椭圆体，它的中轴线呈南北方向排布。在这个项目的设计竞赛中，矶崎新胜过了3000名参赛者，一举获得第一名。从建筑学角度来看，这座建筑的形状设计考究，规模巨大，不同于周围的任何建筑物，其特点就是具有强烈的纪念意义。音乐厅的设计表现出了非常质朴和极其庄严的形象，施工原则是要让项目尽快“上马”，投入到快速建设中去。因此这个巨型外壳是由预制模板构成的，这些模板都是特制的，目的就是为了方便运到工地。建筑的骨架利用扣钩牢牢地固定在地下，这样就可以使扣钩、骨架和顶盖牢固地结合成一个整体。外面的墙壁上装设了深灰色的锌板和陶瓷板，借鉴的是日本古建筑屋顶的颜色。音乐厅的入口就像是一个独立的大型中间隔断，将这个椭圆形建筑的墙壁均衡

建筑外观全景

地拆分开。在两道墙壁和中央大厅周边是环形空间，通过自然光线将观众引向休息厅。纪念馆内部分三个厅：一个是大厅，设施齐全，可以组织大型会议、古典音乐会、文艺演出、摇滚和流行音乐会等大型活动；一个是音乐厅，专为欣赏音乐设计；另一个是多功能厅，可以举办展览、会议和新剧预演等活动。

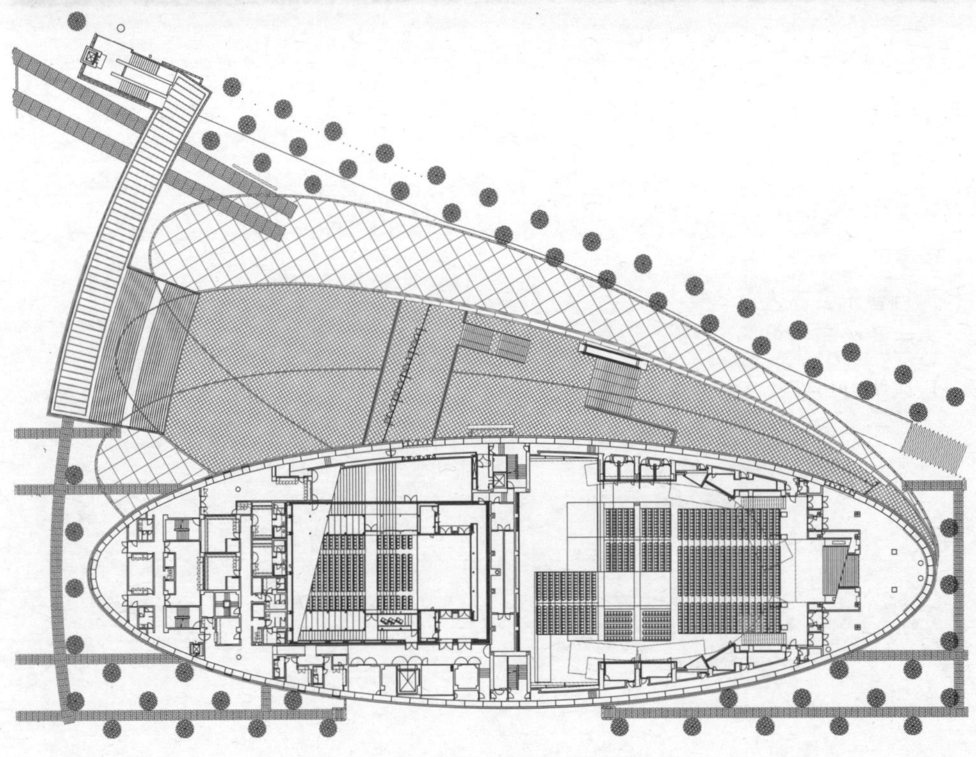

上图
建设中的百年会馆

下图
底层平面图

对页图
大厅内景

人类科学馆

西班牙，拉科鲁尼亚，1993~1995年

面海的建筑外观

这个项目建成于1995年，具有多种展览功能，还包括一个会议大厅和一个餐厅。整个结构均由17米×2.6米的预制板组合而成。建筑的正面墙体呈曲线形，长94米，高17米，面海而设，就像是被海风吹动的船帆一样。墙体表层是防水的，由一层绝缘材料保护，外面还镶嵌了石板瓦，规格为边长50厘米的正方形，厚3厘米，而内部使用的材料是混凝土。建筑背面的墙体高11米，坐落在基座上显得非常坚固，它就像一面屏风一样，厚度完全可以抵御强劲海风的吹打，而所用的材料是由钢筋混凝土加固的花岗岩。在这两种完全不同的墙体之间留设的是一个宽敞的室内空间，拱形的顶棚牢牢地固定在上面，内部可以通过玻璃天窗自然采光。游人在海边散步时，可以拾阶而上；而一条弯曲的斜坡连通了三个层面，这也是参观者的通

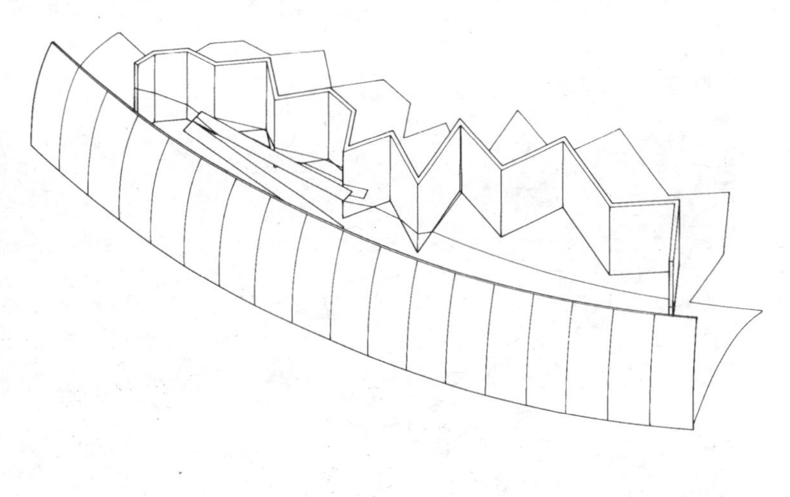

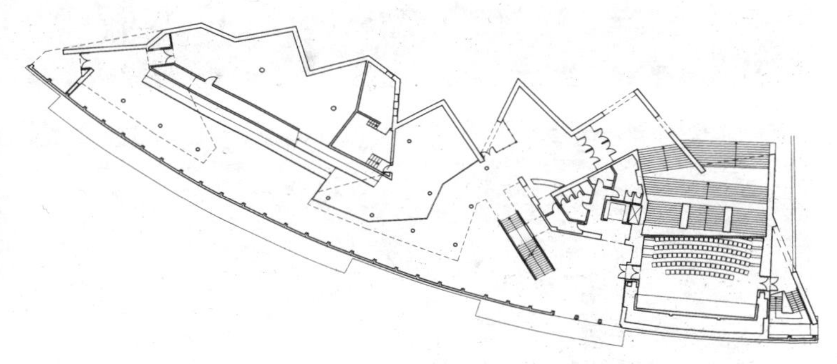

轴测图和平面图

道。建筑的基座是分段设置的，目的是产生连续效应。通道的尽端是一个放映厅，装有设备系统，再往上面是办公区。餐厅设在展厅的下面，有一个单独的入口；这里还有一条玻璃长廊，可以观赏到建筑中的不同景色。建筑的墙体在平面图上表现为一个拱形，在剖面图上表现为一条曲线，这是一种形式的变化，而无论谁在面对这道墙时，都不会感觉到内部的各种空间结构。展览馆的地面是由石板砌成的，光线可以从屋顶射入，使室内空间显得非常明亮、柔和。

上图
建筑背面以及曲线形的墙壁

下图和对页图
内部空间

西警察局

日本，冈山，1995~1996年

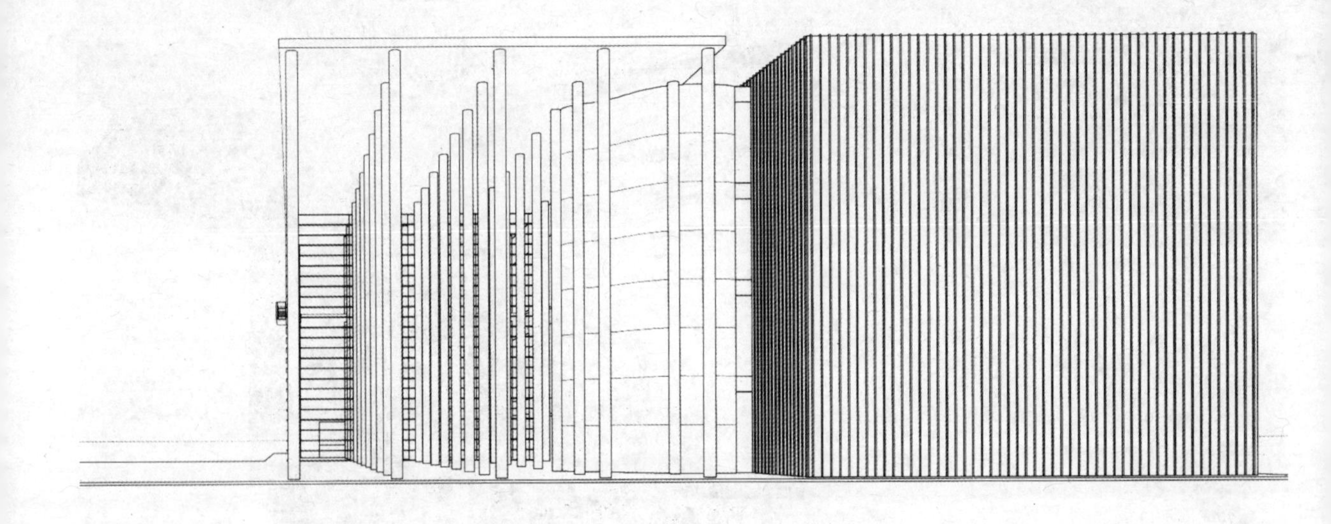

透视图

冈山西警察局是市行政署的项目，建于1996年，内部为两座完全分开的建筑，相对而立，每一座都由四个立方体组成，每个立方体的边长16米，装修材料也各有不同。建筑的后半部分设置的是警察局内部的各个部门。

构成每座建筑的四个部分的后墙都装有锌板，每一块锌板之间都由专用接头连接，间隔33厘米，与窗户一起构成了和谐的外观，而连接条代替了普遍采用的栏杆。建筑后面是一个山丘，以前这里是花岗岩采石场，人们经常在这里采掘玫瑰色的石材。在日本，恋人们多年来一直借用这种石材的颜色表达感情；现在这个采石场已经被采尽了，只能找到一些微小的碎片。

建筑外观

对公众开放的建筑的正面、楼梯和地面都采用了混凝土预制板。立方体的尺寸是16米×16米，共计64米，并排排列。正面分为两大部分：一部分代表“虚”，另一部分代表“实”。代表“虚”的部分看上去又分为两个部分：一半是类似于棋盘纬线的设计占主导地位，另一半是玻璃占主导地位。代表“实”的部分也分为两个部分：建筑的上部是半透明的，下部是透明的。总之，这个建筑给人的总体感觉就是对于二分法的反复使用，其定义了建筑的轮廓。

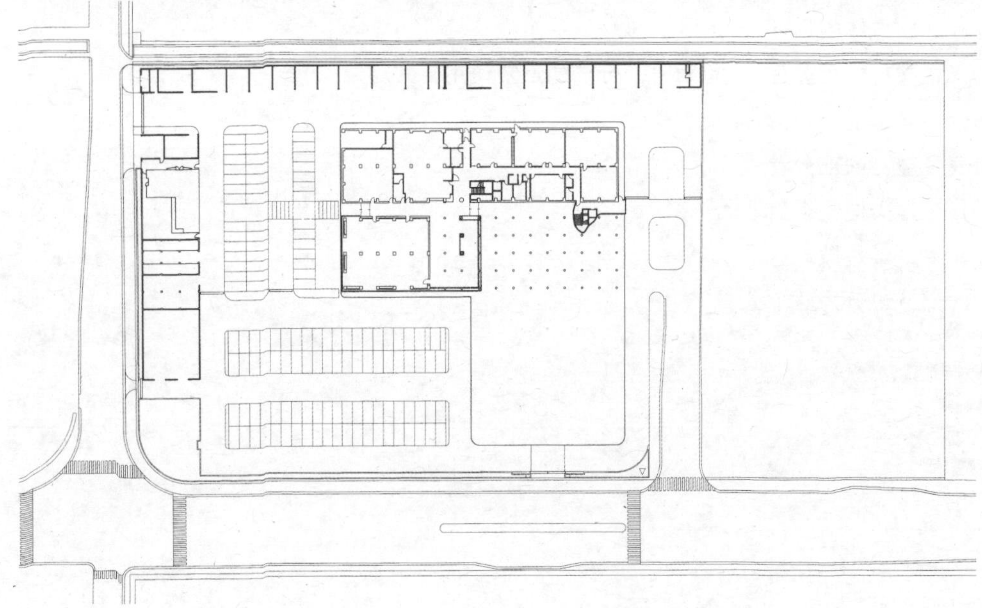

上图
二层空间的部分内景

下图
二层平面图

对页图
入口大厅的内景

秋吉台国际艺术村

日本，山口，1995~1998年

从北面看到的艺术村

秋吉台是日本最大的岩溶地区，此处的许多建筑就像是一座座的岛屿，好似要构成一座群岛一样。音乐学院所在地被设计成了现代音乐机构：400个坐位的音乐大厅，分别为150个和50个坐位的两个会议厅，以及几个排练用的房间。音乐大厅是专为欢迎路易吉·诺诺（Luigi Nono）的作品在日本首演而设计的，这里可以为交响乐、合唱、独奏、叙述和打击乐章提供完美的演出场所。大厅的中央设有电子调音仪器，很多扬声器悬吊在空中排列成一个环形。在庭院里，从一个不深的水池中升起一个舞台，就像是一座岛屿一样。

这一切都与传统的音乐厅完全不同。当时，这个场所是为了首演而设计的，目的就是要在建筑空间内为展现路易吉·诺

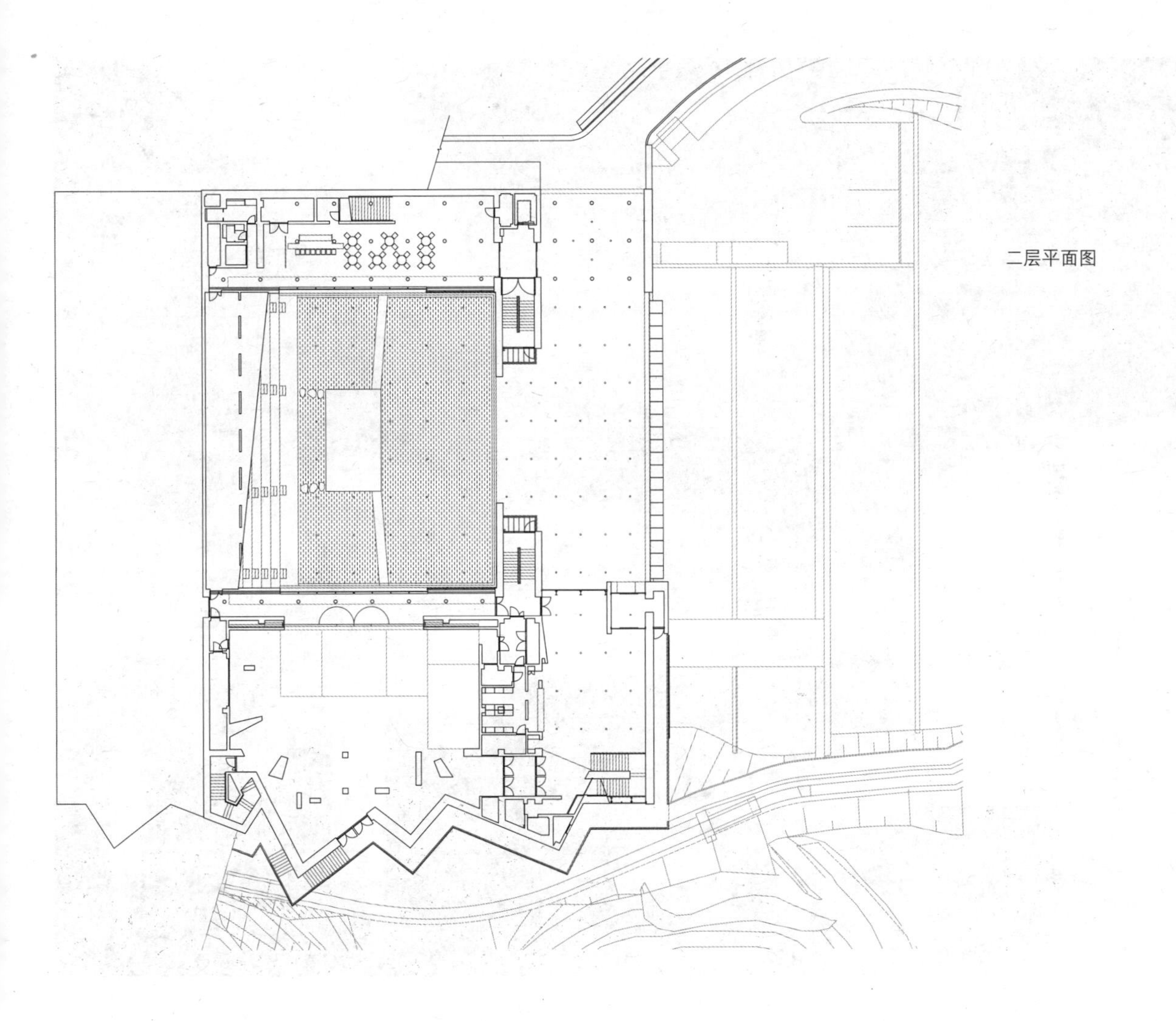

二层平面图

诺的作品提供适宜的声学空间。大部分的地面和墙壁采用的是当地产的石灰石材料，这种材料与混凝土一起还用在外部的墙壁上。旅馆式结构的大厅内设有四个立方体，呈金字塔形状上下重叠。这个结构是诺诺之家（1964年）的复制品。第一个府邸是由矶崎新设计的，坐落在大分市中心，后来被一个商人买去，不久就被拆毁了。而这个大厅无论是在比例还是规模上，完全是原诺诺之家的复制品，内部没有设置隔墙，因为在大厅里没有其存在的必要。

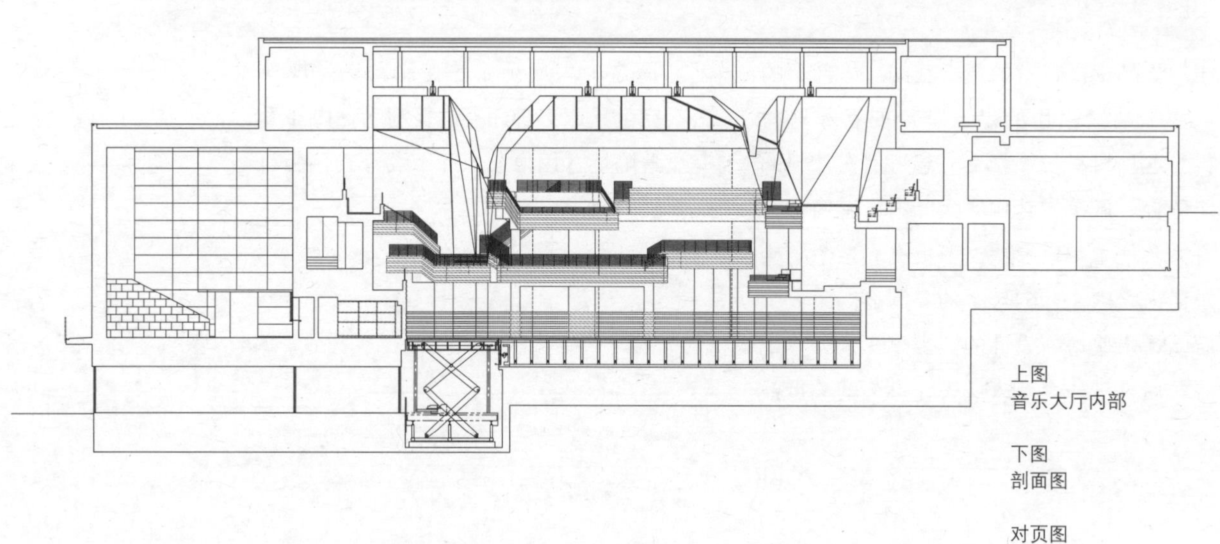

上图
音乐大厅内部

下图
剖面图

对页图
局部外观

米诺瓷器公园

日本，多治见，1996~1999年

从茶馆经过小瀑布广场，通向公园主体的不同层面

项目原址是一个不太高的山丘，其顶部被推土机推平之后，紧接着开始修建各种工程。项目竣工于1999年，为岐阜行政署所建。建造公园的目的是在平整山丘的同时，最大程度地保护周围的绿色植被，在树木的“空隙”中插入各种建筑，因此设计方案和计划做得非常精细，并配备了相应的设施。在到达这个公园之前，必须经过一片野生玉兰林，为了不使其遭到破坏，设计师在这片林地下修建了一条地下通道，通过它可以到达建筑的入口或者平台。平台是被架高起来的空间，在那里可以组织各种大型的露天活动。从入口大厅处的楼梯往下走，可以到达展出瓷器的地方。那只是整个结构的一部分，高5米，根基是独立的，因为在发生地震的情况下，随着晃动的频率，建筑结构的损坏程度是不同的，而这里的独立根基是抗震的，可以预防高层结构的倒塌。

当发生地震时，虽然结构会晃动，但

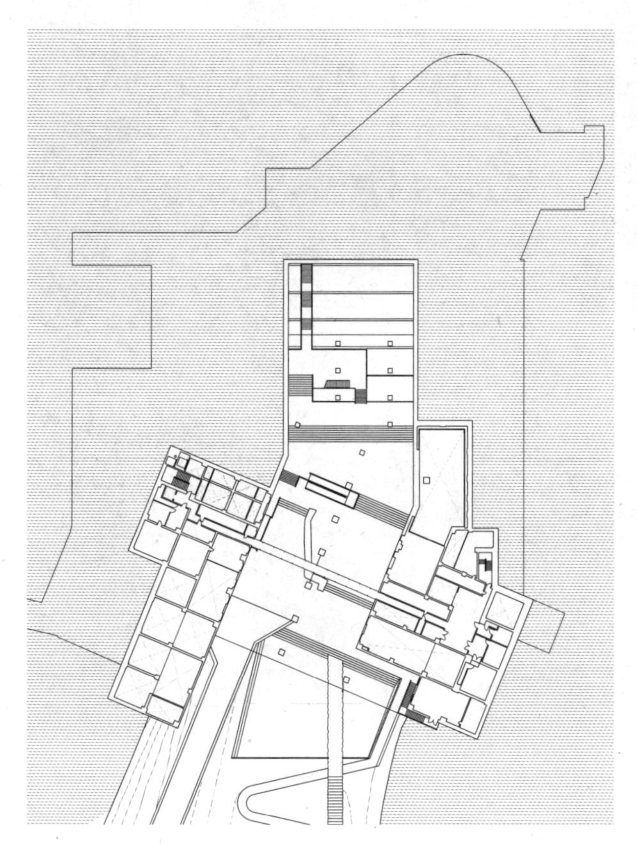

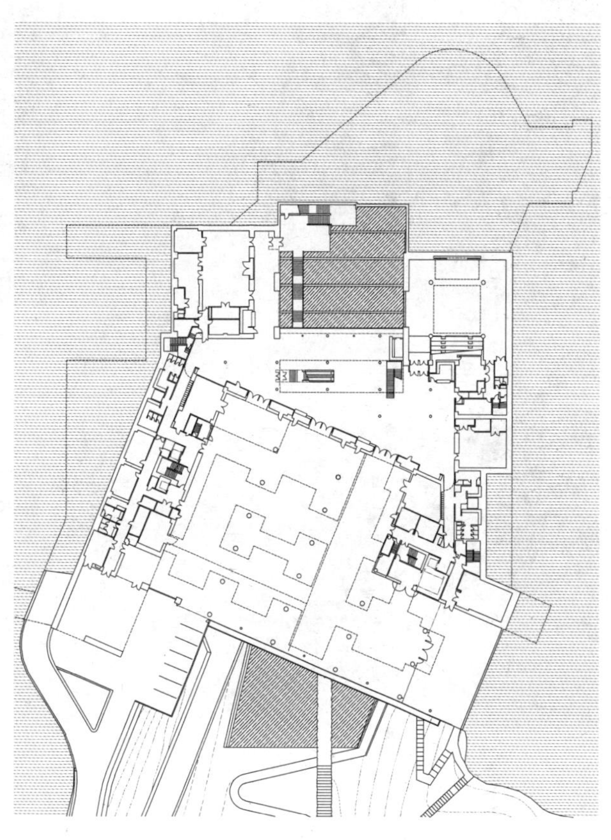

地下层平面图和地面层平面图

不会倒塌。因为展出的瓷器都是易碎品，所以，采取这种方式提供有效的保护是符合逻辑的。在一般情况下，地基的绝缘体都是在建筑底部设置一层橡胶，而在这个公园中，只是高层部分，即展出瓷器的部分设有绝缘体。

在山丘上还修建了一个花园，设置了水池、小瀑布和羊肠小道，为参观者提供了一处环境优美的场地。在湖泊的周围，分散地建造了一个会议厅、一个茶馆和一个餐馆，而对公众开放的瓷器研究室则建在另一处场地中。建筑的正面对着马路，其他几个侧面由山丘环绕，从外边看不到里面。这就像隐藏在居民区中的一所房子，其周围是一些内部的小花园，这种建筑结构虽然不大，但它营造的是一个内部世界，特征强烈，给人以深刻的印象。

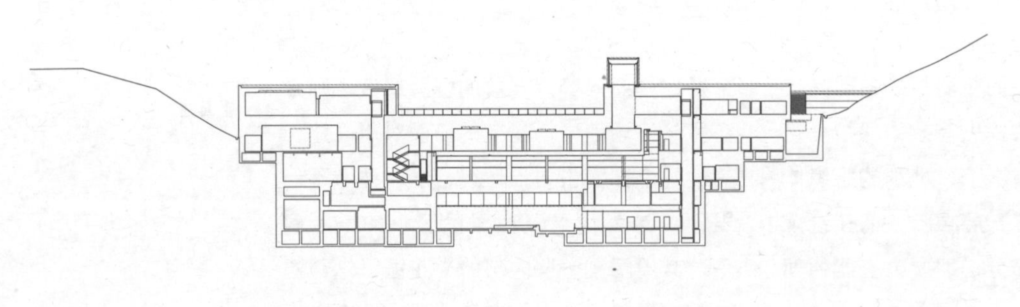

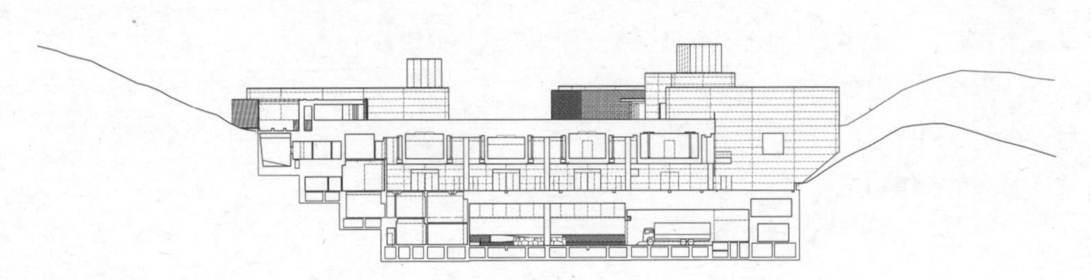

上图
入口大厅

下图
剖面图

对页上图
内部空间

对页下图
通向公园的桥

媒体与艺术中心

日本，山口，1997~2003年

北面外观

这个媒体与艺术中心容纳了一个图书馆和三个研究室等空间，坐落在居民比较集中的地方，附近设有火车站和区政府。在这个类似于玻璃盒子的建筑的内部，设有许多规模较大的办公室和研究室，它们都处在一个巨大的屋顶之下。建筑内部的各个办公室都设在由一系列立柱分隔开的空间内，立柱之间的间隔是4.5米。休息室和走廊不仅连接着每一个房间，而且还能为展区的展览会和介绍会提供服务。

沿着轴线延伸的曲线形的屋顶采用了空腹网状桁架，起到加固作用，同时也具有横向抗震功能。在天花板的装修过程中采用了多槽板材，留有足够大的开口，以便在屋顶下安装电缆和LCD放映设备。

曲线形的屋顶为内部空间营造了不同

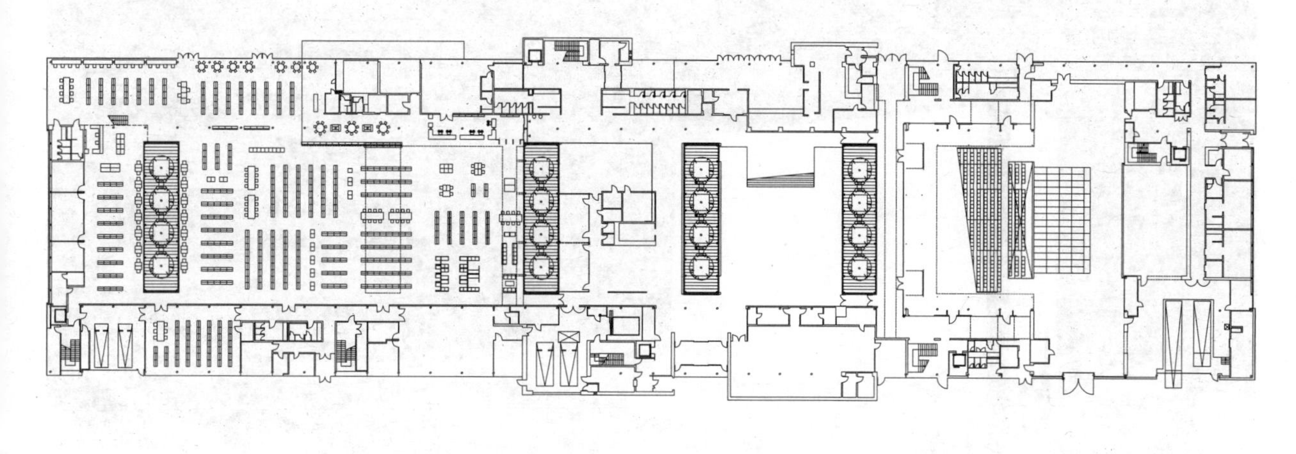

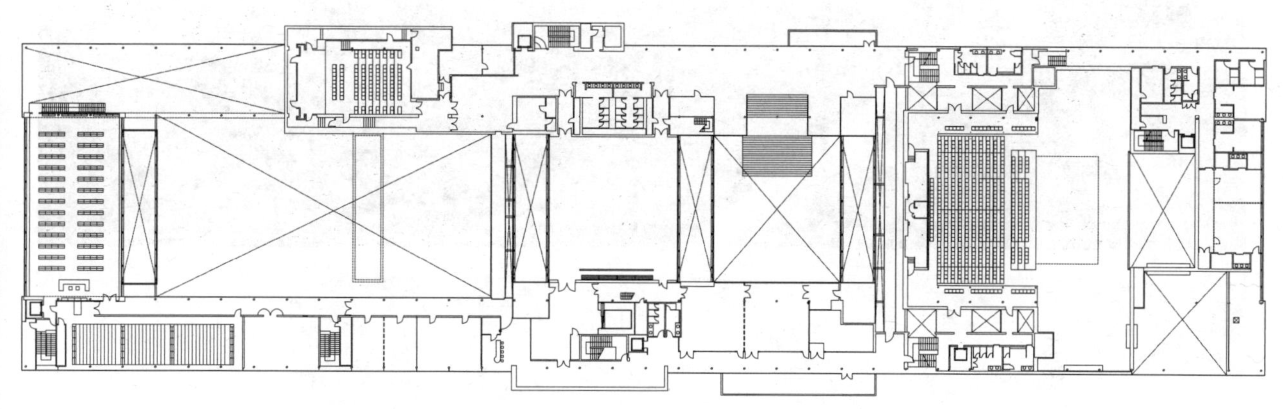

的高度，同时，与围绕着山口市连绵起伏的山脉相互呼应。建筑低层采用的是玻璃板材，规格、形状和排列方式都不相同，给人以抑扬顿挫之感。

两座桥架在4.5米的高处，通向连接南北的第三层空间，这样，参观者可以围绕着所有的建筑参观游览，而且可以观赏到不同的展览。主要场所的地面都是平整的，目的是营造一个无障碍的空间。研究室分为三种类型：第一类是最大的，可以作为研讨平台，组织大型活动；第二类是借助附近的图书馆做声学研究；第三类是举办会议和放映活动。

上图
二层平面图

下图
三层平面图

上图
研究室

下图
阅览室

对页图
内部空间

Caixa Forum美术馆新门

西班牙，巴塞罗那，1999~2002年

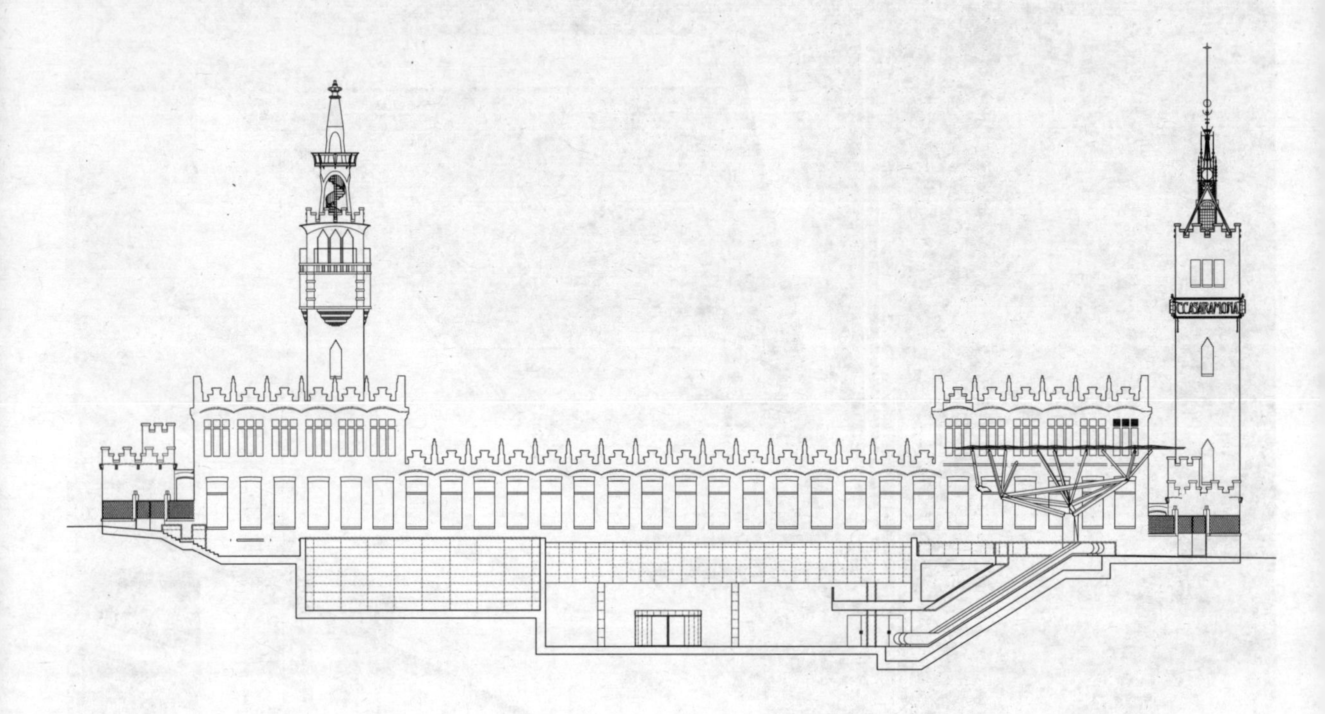

剖面图

这个公共庭院是于2002年为储蓄银行基金会而建的，是Caixa Forum美术馆的大门，也是经过修复的罗马之家的一部分，位于巴塞罗那Montjuic山脚下。罗马之家是于1911年在原纺织厂地块上建造的，体现了现代派建筑艺术，于1976年被纳入国家文化遗产保护单位，这里在1940年之前一直是被佛朗哥卫队占用的。由于历史原因，原建筑的主要部分变成了展览馆。修建工作预计是在地下进行挖掘，保留原建筑的正面部分，目的是要为这座建筑和音乐厅建造一个统一的大门。建筑总体面向Marques de Comillas大街，这条大街经过贸易展览馆，通向为奥林匹克运动会所建的

各个体育场馆。位于这条大街另一端的是由密斯·凡·德·罗于1929年设计的展览馆（重建于1986年）。美术馆门前的庭院低于地平面，给人以隐蔽的感觉，墙面采用的是科多巴石灰岩板材，就像一个内部小花园，可以举办露天展览活动。通过楼梯、电梯和扶梯可以到达地下主层，而以典型西班牙铁艺加工方法制作的“铁树”采用了耐腐蚀钢材和玻璃板材。

庭院全景

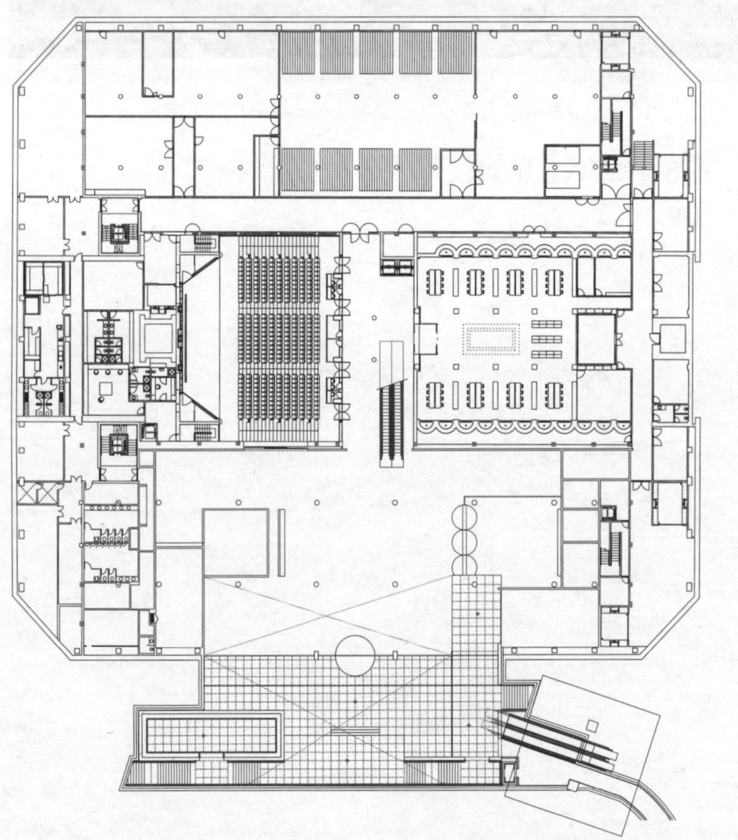

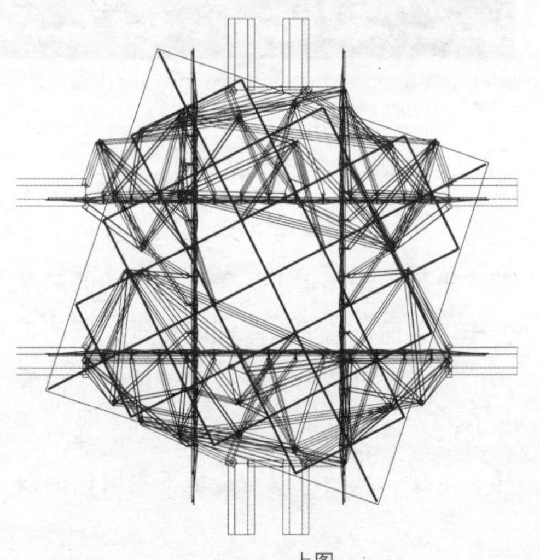

上图
“铁树”

左图
地下层平面图

右图
“铁树”结构图

对页图
庭院广场

冬奥会冰球馆

意大利，都灵，2002~2005年

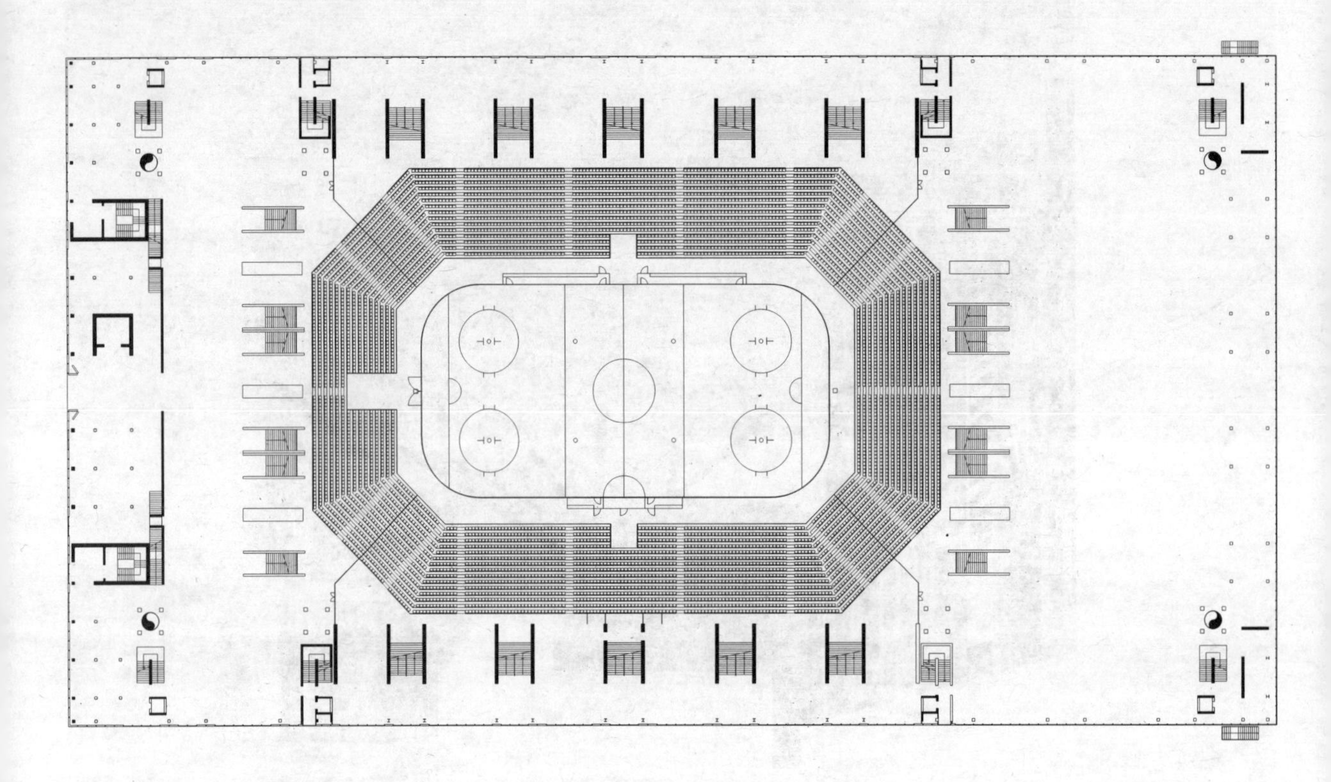

平面图

2006年都灵冬奥会冰球馆的建设于2005年竣工，与旧馆相比，这个新馆可以说采用的全是新材料。设计师对广场公园的配套部分也进行了新的规划。从公园图纸上来看，一片新植栽的草坪强调了冰球馆的建筑规模和绿地的面积，并使场馆设施表现出一种非常醒目和节奏感强烈的效果。Sebastopoli街禁止车辆通行，变身为公园与场馆之间的步行广场，新广场起到了疏导客流的作用，为体育活动和奥林匹克赛事提供了正规的场所。

冰球馆由183米×100米的大块不锈钢

板构成，在5米高的透明玻璃基座上似波浪一样向前延伸。新馆的建筑规模与旧馆的建筑规模几乎相同，高15米，屋顶是不锈钢材质的，向内缩进，目的是营造出长方形与平行六边形叠加的效果。闪闪发光的长方体（新馆）与椭圆形的不透明的中间塔楼（旧馆）形成了鲜明的对比，体现了新旧建筑之间的关系，同时又展示了各自的独特魅力。应该特别指出的是，冰球馆的正面采用的是不锈钢板材。

建筑外观

上图
托尼・格拉格的作品

跨页上图
体育馆内部，冰球比赛

跨页下图
剖面图

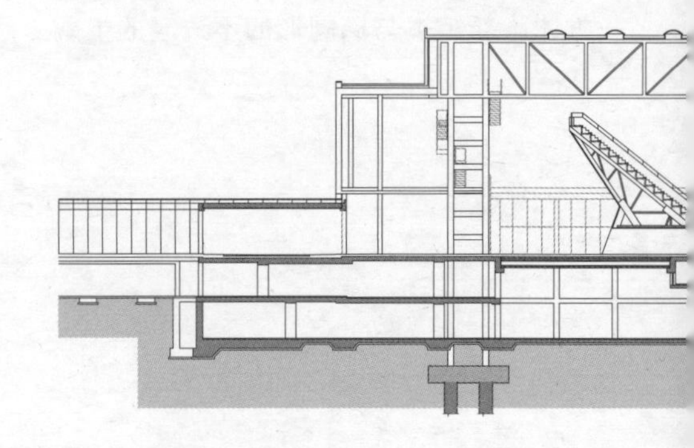

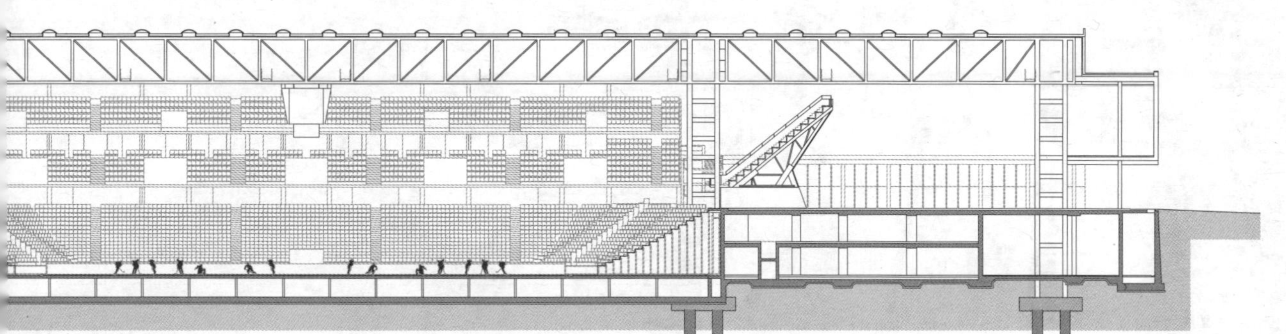

设计项目

文化中心

中国，深圳，1997 年

上图
剖面图

下图
平面图

这是由深圳文化局筹建的项目，预计包括一个设有1800个坐位的大厅和一个设有400个坐位的小厅。大厅里装有高档的音响设备，将不同坐位区分开来的隔断呈现出特殊的拐角和高度。大厅里的墙壁都是根据声学原理设计的，这是为了保证所有观众都能享受到最好的视听效果。此外，特殊的圆锥形状、倾斜角度和23米高的天花板，这些都是在电脑软件的辅助下经过精心设计而采纳的。

弧形的混凝土天花板表面平滑，有利于声音的传播；周围由电脑控制的窗户可以提供自然采光，而且打开后可以满足室内通风和调节空气的需求，从而进一步改善室内空间的环境。小厅是专为中国京剧和排练设计的。包厢里的活动座椅可以随时调节观众与演员之间的观赏角度。前厅的四根结构立柱支撑着不同的大梁，形成了四棵树的形状，成为了前厅的主要景观。这四根立柱都由金色装饰，闪闪发光，所以被称为“金树”。

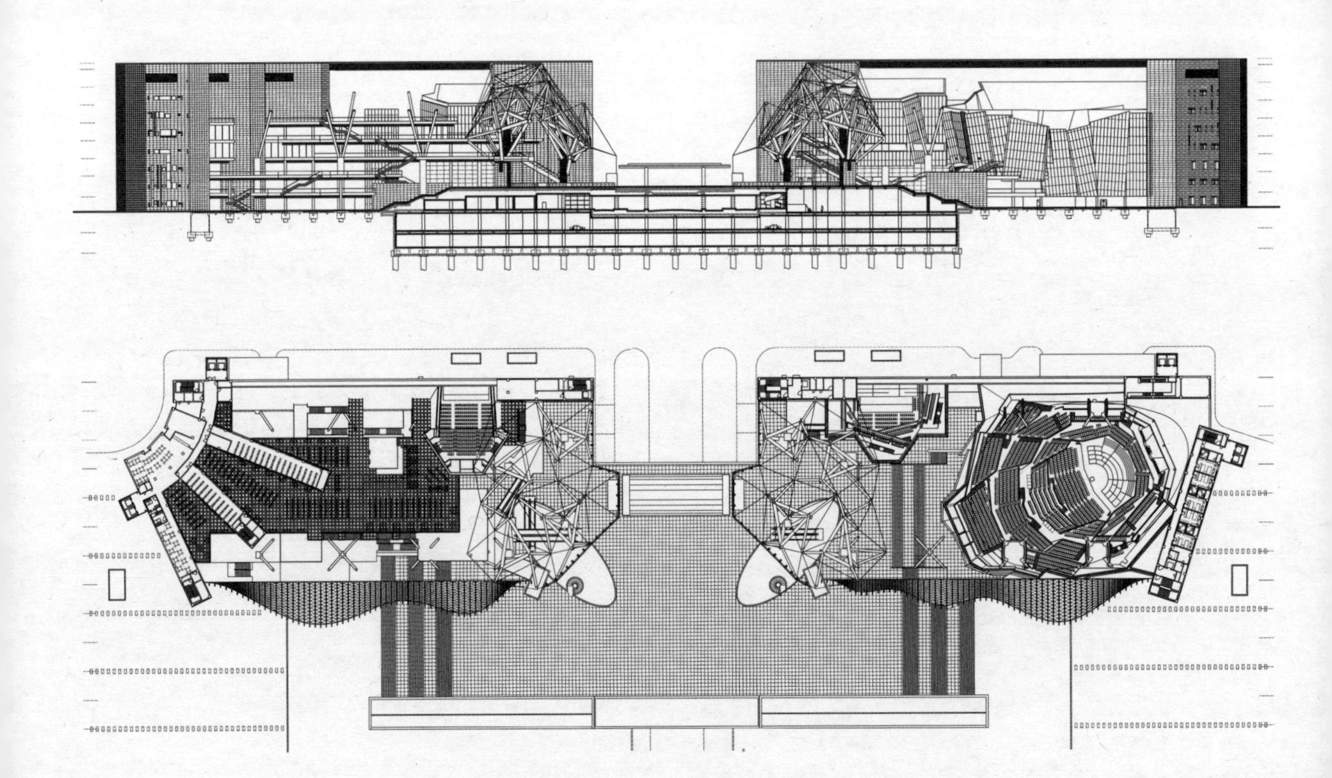

左上图
前厅景观

右上图
修建中的图书馆

下图
大厅效果图

卡塔尔国家图书馆

卡塔尔，多哈，2002年

平面图

这个图书馆是由卡塔尔公共关系部和农业部筹建的项目，位于一条滨海大道的中段。项目包括一个国家图书馆、一个当代美术馆和一个自然科学博物馆，建成后，这里可以成为多哈的主要标志。整个建筑由三部分组成：底层为美术馆，面向南；上层为自然科学博物馆，面向北，两个馆共用设在中间的入口。这一部分南北长300米，东西宽100米，高9米。观众可以从西停车场进入，贵宾可以走滨海柱廊从另一个入口进入。建筑中心位置设有三根巨型立柱，每一根的直径都是18米，高120米。它们不只是用以疏导上下的交通，而且还支撑着高层图书馆的重量（图书馆设在离地面60至90米的高处）。图书馆中设有儿童图书室、技术室和阅览室。咖啡厅和宴会厅都设在三根立柱的顶端，为的是给贵宾提供欣赏海景的最佳位置。

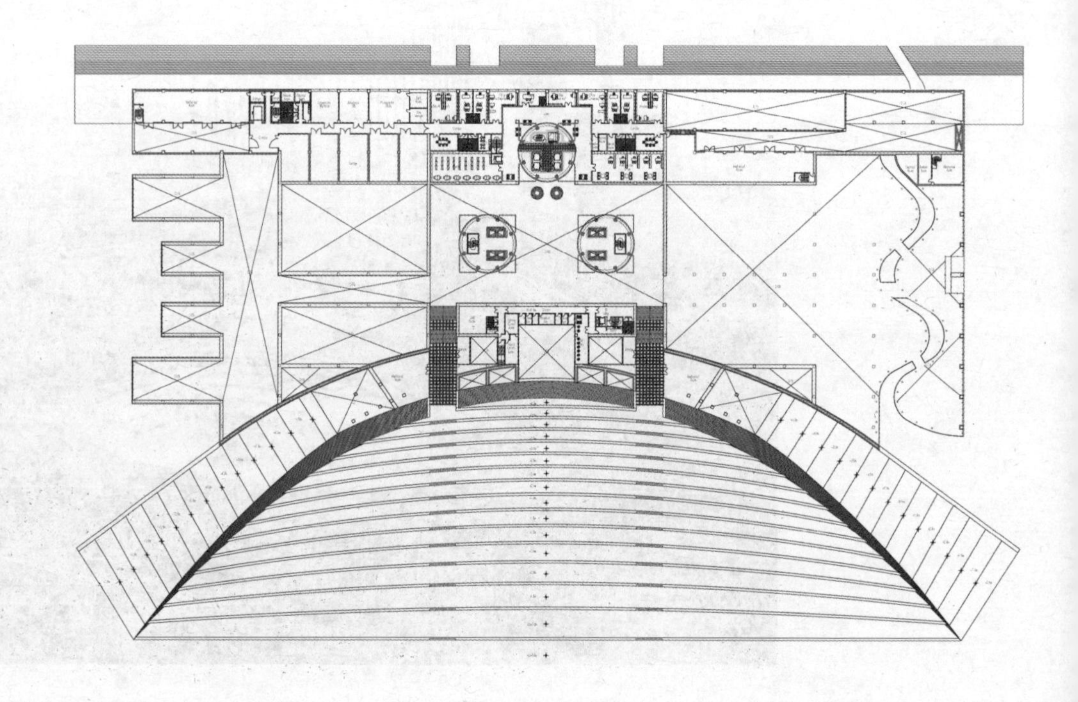

上图
全景效果图

下图
巨型立柱

TAV火车站

意大利，佛罗伦萨，2002年

右图
全景效果图

对页下图
规划图

无论是从结构还是空间角度来说，佛罗伦萨TAV火车站的外观都体现出了多变的特点。火车站的最终形态是通过渐进结构优化法（Evolutionary Structural Optimization）获得的，通过它实现了最合理的三维空间规划。火车站的顶盖是一个细长的结构（400米×42米），下面可以起到疏导人流的作用。经过优化，这个理想造型用料最少，并且可以最大程度地发挥它的功效。内部各个空间的形状都适合于人们的通行和休息。特别值得强调的是火车站的照明，即来自于墙壁的垂直照明，可以明确显示出火车到达与出发的时间。另外，在不同的空间中采用了不同的照明方式，无论是特殊的信号标志，还是局部照明，目的都是为乘客指出正确的方向和引领他们到达想去的地方。

喜玛拉雅中心

中国，上海，2003年

下图
规划图

对页上图
外观效果图

对页下图
广场效果图

喜玛拉雅中心位于上海浦东区，是由上海证大集团投资兴建的。中心由五大部分组成：酒店、办公区、美术馆、商业区和一个公共广场。这个项目最令人折服的部分是酒店——高100米，位于整体建筑的北楼。酒店包括一个多功能厅、一个宴会厅和一个会议厅，它们都与东边的大会议中心相连。整体建筑的南楼的高层设有办公区，底层设有商店，这一部分的总面积为2万平方米。南、北楼之间是美术馆，这是建筑的核心。美术馆由两大部分组成，中间是一个30米高的横向平台。在这个中间部分设有一个空中花园，面对美术馆和广场，与南、北楼相连。北楼是一个边长60米的立方体，成为了周边环境中的标志性建筑。

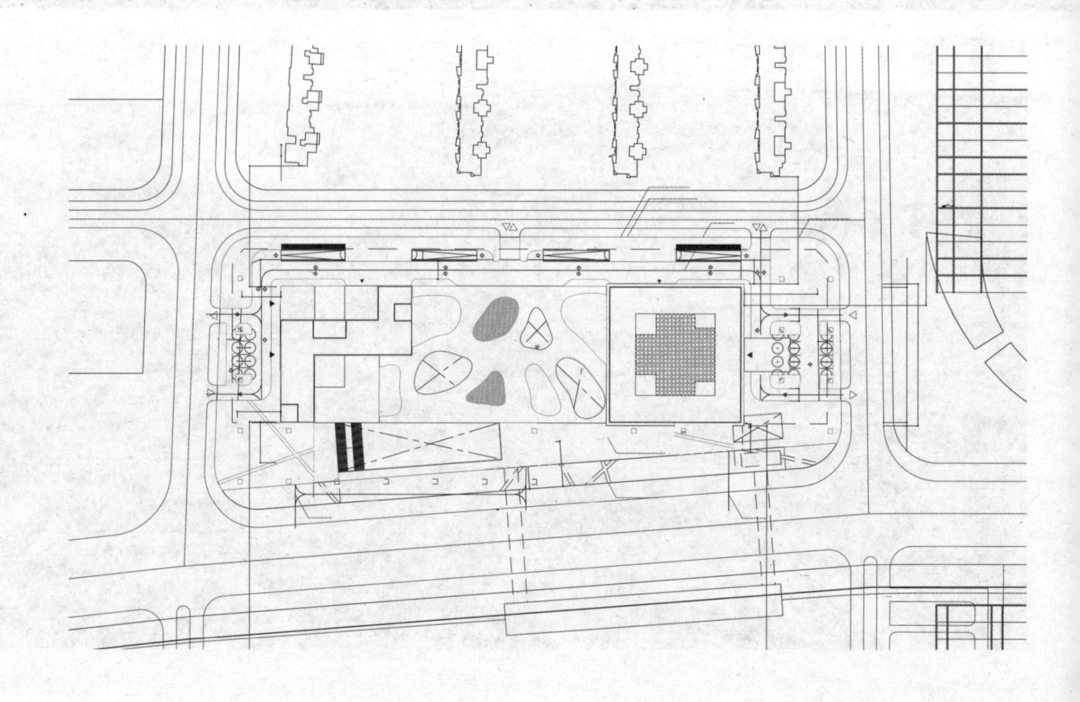

米兰展览馆

意大利，米兰，2004~2006年（2008~2012年建造）

效果图

2004年7月，矶崎新与扎哈·哈迪德（Zaha Hadid）、丹尼尔·里伯斯金（Daniel Libeskind）和皮埃尔·保罗·马加拉（Pier Paolo Maggiora）一起，在重新规划米兰展览馆区的国际设计竞赛中获胜。这个新区靠近市中心，工程占地面积为25.5万平方米，在一般情况下，总面积的二分之一要用为绿化面积。在这个新区的周边，还要修建一些道路和居民楼以及其他设施，目的是与现有居住区连接起来。项目设计的核心理念就是建造一个大型公园、一个大型广场和广场上的三座摩天大楼。每一个设计方案出自不同设计师之手，最高的那座建筑就是矶崎新运用模数法设计的。作为在城市中心新诞生的一个区，这里应该是昼夜不息、活力四射的，而这样的设计方案是非常复杂、具有很大难度的。集中全世界最优秀建筑师之想法是这个项目所要体现的设计理念，这就好似要以诸多造型、色彩和材料组成一个综合的“群岛”。这个项目最初的设计要求是：这不能是一个简单的设计方案，而是要充分表现出城市的多样化。

上图
局部景观

下图
全景合成照片

设计理念

建筑学如同讲故事

神秘的面具

米兰·昆德拉（Milan Kundera）继续写小说似乎有些奇怪，因为他知道小说作为一种文学形式已经失去了原来的魅力。这就不难看出小说已经衰落了。

以前，由小说家们营造的虚构世界具有很大的影响力。但是，今天有远比它们更加尖刻和锐利的工具，我们内心的世界激励我们去尝试。关于小说，昆德拉引用的是塞万提斯（Cervantes）和卡夫卡（Kafka）的作品。……这两位作家的作品都明确肯定了小说的文学形式，而昆德拉对于小说的看法也适合于建筑学，只是需要用布鲁涅列斯基（Brunelleschi）和卢斯（Loos）的观点代替塞万提斯和卡夫卡的观点，后两位作家在他们那个时代走在了其他人的前面。

作者：矶崎新，“面具”，出自《关于矶崎新1991~2000》，《建筑师》杂志专题号，2000年，40页。

面具

雷姆·库哈斯（Rem Koolhaas）认为，日本人似乎只会通过面具表达自己，有些像三岛由纪夫（Yukio Mishima）的《假面的告白》里的主人公。日本人给外国人的印象是无表情的微笑，从某种角度来看，库哈斯的意思是日本人在外面总喜欢戴上一幅面具。

在那个时期，我也需要一幅保护面具，因为当时的环境不利于对大都市进行大规模的改造。大都市正在神秘地、大规模地扩展。我应该采取必要的保护措施，避免其受到伤害。

我无力控制大都市的扩展。我称这些大都市为“看不见的城市”，因为我发现，任何对城市进行的有次序的规划都注定要失败。对一个建筑师来说，唯一的可能就是顺应大都市扩展的潮流，承认这种混乱，创造一些杂乱无章的设计方案，并使其变为大混乱的一部分……

面具是一座建筑在城市中的门面，它的作用可以根据城市自然环境而改变。在典型的日本大都市里（看不见的城市），如东京和大阪，我很可能同时采取攻防并举的办法。……而具有悠久历史的城市，如京都和奈良，则与大都市不同。

作者：矶崎新，“面具”，出自《关于矶崎新1991~2000》，《建筑师》杂志专题号，2000年，44页。

裂痕

1995年1月17日，凌晨5点45分，在日本阪神地区发生了史无前例的大地震，使6300人丧生，21万座房屋被毁，32万人无家可归。

“当这个地区受到地震冲击时，产生了许许多多的裂痕。

马路被撕开了，高速公路完全被毁，露出了土层。摩天大楼出现了裂痕：一部分倾斜，一部分倒塌。

通信网络完全中断。交通运输瘫痪。港口码头无法使用。

所有的基础设施——水、电、气等——全部被毁。

很多家庭被转移到公共建筑物内，失去了自己的隐私。

不幸的家庭在继续增加。

精神上留下了严重的创伤。

余震还很强烈，地震仪失灵，标不出地震的严重程度。”

到处都是裂痕：基础设施、建筑物、社会团体、人们的内心和思想，无一例外。严重被毁的城市，此时此刻变成了各家媒体报道地震灾难的具体材料。这些报道材料都是人们面对的现实和困难。……这个巨大的灾难告诉我们，通信和交通两大网络的瘫痪增加了人们的恐惧感，电力的中断又使市民的生活雪上加霜，压力成倍增加。……我想把精力集中到这次地震带来的灾难上来，与其说这是假乐天派建筑师的意图，倒不如说是详细地反映了当今日本的建筑形势。

作者：矶崎新，第六届国际建筑展览会，威尼斯双年展，出自《关于矶崎新1991~2000》，《建筑师》杂志专题号，2000年，236页。

当代美术馆，洛杉矶，1981~1986年

虚与实

当一张照片被看作是事物的复制品时，事情就变得简单了。当你打开一本书，翻到有照片的那一页时，看着照片就像看到了现实生活中的一个场面。然后，到那个地方实地参观，你就会发现那栋建筑很像是照片上的，但它不是……

今天，人们对某一张照片会质疑其是真还是假。伊多时期的剧作家近松曾经说过，艺术是虚与实之间的东西。他已经认识到，反映一篇文学作品或者一幅油画的照片有可能是假的——数字照片很容易修改——有很多日本建筑师都掌握了这种技术。今天，人们不再会为此烦恼了：大部分照片都是在买房之前拍的，这与在营养品广告中出现的人物照片恰好相反，房子总是显得在买之前比买之后漂亮。

作者：矶崎新，“曲线与二分法”，出自《关于矶崎新1991~2000》，《建筑师》杂志专题号，2000年，114页。

形象破坏运动

“icona”一词来源于希腊语，意思是形象或者图标。媒体数字化需要无数的形象。人们都知道今天的政治、经济、城市、艺术和战争等方面的信息都是通过媒体传播的，而媒体传播的只能是形象。语言和形象首先通过分解处理，然后播出，所以将这些分解的微小碎片再组合起来就可以收到。这些形象是被存在预先设置好的记忆程序里的。当然，利用的那些形象都是可识别和可提取的。巴米扬大佛（Buddha di Bamiyan）是宗教的象征，世贸中心是经济的象征。很明显，它们具有不同的含义，但两者都代表了不同的精神支柱，在某些人的心目中，无一能与其相提并论。因此，它们的形象在各种媒体中广泛应用，这样的形象被毁是极大的愚蠢之举。它们唤起了我的记忆，在20年前，我感觉似乎在我身上发生了同类的事情：为什么在那些年代，面对那些建筑群，冲动到了极点呢？无疑我是受到了诱惑，因为媒体把那两种建筑看成是高大、纯洁的形象。我想亲眼看着它们。我找不出任何理由。

在历史的长河里，形象轮番被毁，而且这种现象很普遍，喜欢或者不喜欢都一样。

作者：矶崎新，“未选择的路”，出自日本*GA*杂志，2004年，9页。

零度还原

我第一次在建筑上应用“零度还原”的概念是在1970年，在那个时期，一切似乎都是空白的。我坐在白色的写字台前，画着缩小的图形；有长方形，也有圆形，是人类把那些几何图形插进了自然世界。为了在建筑空间内设计出一个成功的造型，我经常是先在立体框架内作试验，然后再分层和选料。采取特殊的方法设计造型会容易一起，我开始感觉到，应该采取能在内部产生造型的万有引力定律。造型的产生与设计的过程相互影响，我称它为“方法论”（1972年）。

在马列维奇的基础之上，我学会了很多，并且巩固了从单个图示中学到的所有东西。从此，我着手研究如何把基本造型灵活地运用到设计当中去。但是，我总感觉在设计造型过程中所作的尝试，在“方法论”中已经涉及了：我的工作就像是继续进行试验，但是我设计的造型与马列维奇的完全不同。我也经常自问：那些东西形成了建筑结构的“零度”吗？零度就是在结构内部不存在任何无关的状态，也就是去除多余吗？

作者：矶崎新，“建筑学”，出自日本*GA*杂志，2004年，26页。

对页上图
迪斯尼总部大楼，奥兰多，1987~1990年

对页下图
哥伦布市科学馆，1994~1999年

铃木久男

西警察局，冈山，1998年
第98~99页

米诺瓷器公园，多治见，2002年
第100~101页

Caixa Forum美术馆新门，巴塞罗那，2002年
第104~105页

人类科学馆，拉科鲁尼亚，1995年
第106~107页

奈良百年会馆，奈良，1998年
第96页，第108~111页

日本《新建筑》杂志社

媒体与艺术中心，山口，2003年
第102~103页

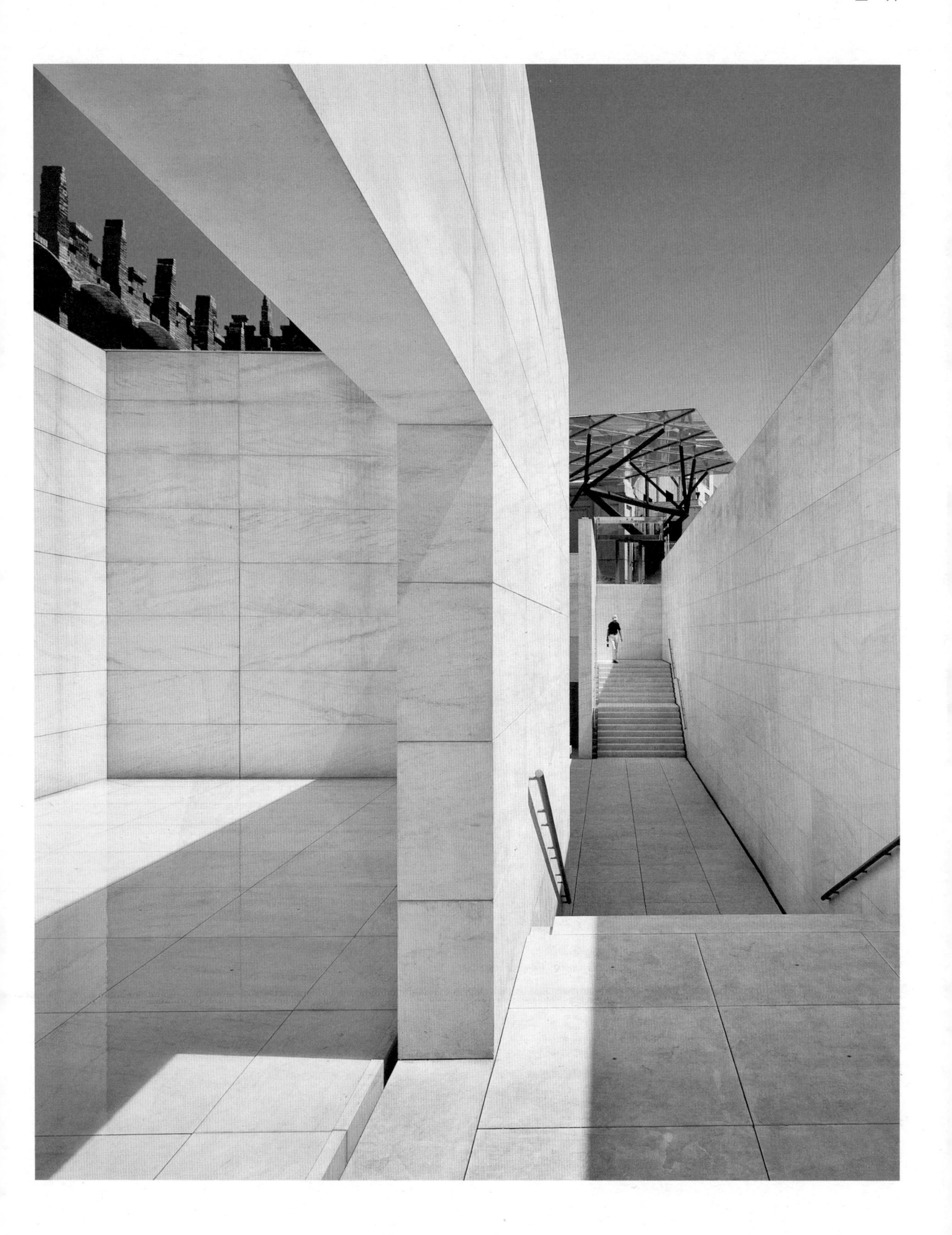

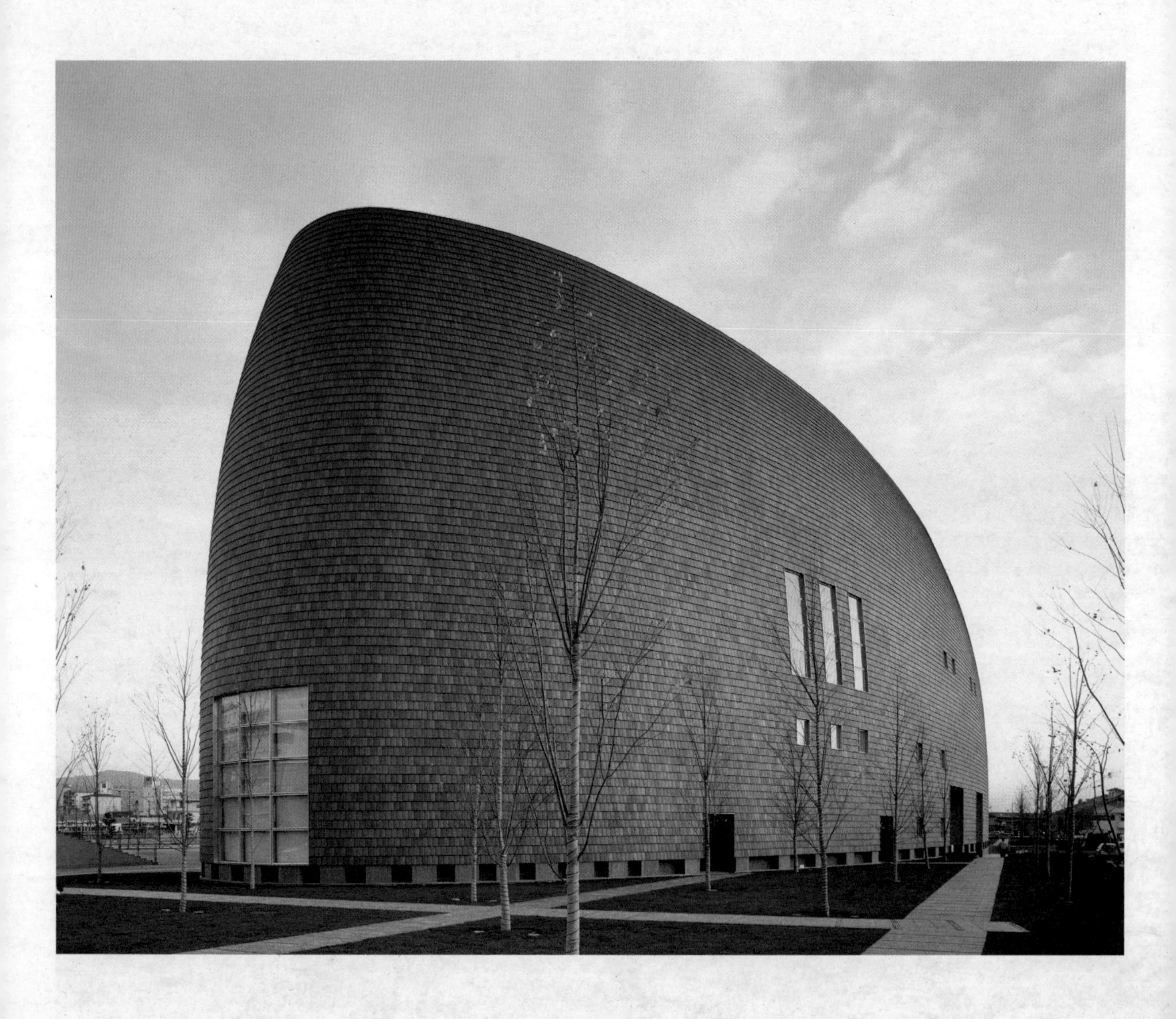

评

论

从现代主义向后现代主义过渡的评论

肯尼斯·弗兰普顿

矶崎新与新陈代谢主义的危机

矶崎新大师的第一部独创作品就是大分医药联合大厅，建于1960年。这座巨大的混凝土建筑呈圆筒形，由立柱支撑。无论是户冢（Totsuka）乡村俱乐部还是大分医药联合大厅，它们都具有造型多变、曲线优美、含义深刻的特点，而所采用的弧形结构则具有承受力强和无限延伸的特点。这种设计趋势作为大型结构的重要组成元素，在矶崎新后来的作品中也表现得十分明显。混凝土盒式结构原本是在1964年为大分岩田女子高中设计的，但是在两年之后，才在大分县图书馆的项目上变为现实。这种结构，从它的大梁立体格子造型来看，具有很大的扩展性。

以这个发展趋势分析，矶崎新的初期作品均表现出了与新陈代谢主义者观念的密切联系。所以，这是一项有趣的研究。图书馆具有“新陈代谢”的潜能，表现为一种奇怪的“呆板”，从总体上看，主体结构给人以具有无限扩展能力的形象，这是因为混凝土大梁发挥了关键作用，就像藏在里面的柱顶横檐梁所起的作用一样。矶崎新不但保留了从内部扩展的必要性，而且为在外部发展造型预留了更大的潜力。这些设计方法在1964年中山之家项目上也得到了明确的体现。[1]

经过分析我们可以发现，在路易斯·康的作品中曾经出现的新柏拉图主义也出现在了矶崎新的作品中，即通过单一结构要素不可能把某一个作品的基本原理完全表现出来。但是矶崎新与路易斯·康诠释新柏拉图主义的角度是不同的，他们对于结构的不同处理方式从外观造型上就能体现出来。矶崎新的结构要素完全服从其理想造型的需要，比如，大分县图书馆利用了混凝土大梁，反复组成方格结构，这种特殊的结构还有其他的用途，与路易斯·康的管道结构相似，可以充分发掘其服务功能。另外，菲利普·德鲁（Philip Drew）认为，矩形不仅是新陈代谢主义者关注的焦点，还是一种现代风格，因此得到了丹下健三和其他建筑师的追捧。矶崎新在设计项目里以混凝土代替了木质结构，目的是为了避免这种形式固有的空间的压抑之感。[2] 在图书馆纵横交错的大梁结构中也会产生这种压抑之感，这在图纸上对空间的组合中就可以发现。中心大厅的稳定性与横穿阅览室的裸露大梁之间出现了明显的矛盾。这种对立是在结构中产生的，在中山之家项目上表现得不太明显，因为那是新柏拉图主义占了优势，不仅保留了立体造型的新古典主义元素，而且体现出了对立方体反复进行修改的矩形之“梦”。

1964年，矶崎新在他的评论文章“朦胧空间”中公开阐明了其对规划和设计所持的质疑态度，而且在后续10年的工作中，他仍然坚持了这一态度。受谷崎润一郎《阴翳礼赞》（1933年）的影响，矶崎新不得不坚持他的“后现代”立场，放弃谷崎润一郎的观点和现代风格在钢筋混凝土结构中表现出来的简单的实证主义。如果谷崎润一郎旗帜鲜明地反对日本的现代化——各种灯光、镀铬的表面、明亮的陶瓷、刺耳的音乐等等，而在日本传统材料中，明暗有时很微妙，那么，矶崎新的“朦胧空间”的观点正好处于这两种概念之间。首先，他知道了麦加洛波利斯是如何变成了一个无序而诱人的娱乐公园，就像东京后乐园一样。其次，他也知道了谷崎润一郎的“阴翳”不是日本的传统幻影，更不是代表国家精神的荒谬墓穴。从这一观点出发，矶崎新达到了幻化建筑的高度，就像是一种模具，幻觉和现实在其内部可以自由结合。矶崎新的“朦胧空间”具有两种可替代性，而且两种模式可以相互补充。首先，矶崎新了解了西方文化，把文艺复兴运动与阿道夫·卢斯和马塞尔·杜尚的现代主义结合在一起；其次，他追求的是“朦胧”的空间，与东方的“朦胧感”相一致——好似存在一种无法表达的东西——所以，在日本文化领域内潜力很大。

就像后来发表的一篇文章“读阴翳礼赞”（1974年）所阐述的一样，矶崎新看到了迷人的现代空间被日本传统的“朦胧”所替代。他把这样一种“幻觉”置于非物质化之上、反射效应之上和“错觉”之上。

中山之家项目通过两种灯光的组合表现出了迷人的空间：明暗色彩的效果是靠顶部的大方窗营造的，而朦胧的灯光效果体现了典型的东方色彩，主要是由墙壁上大块的半透明玻璃营造出来的。

1 矶崎新在未发表的“设计过程”（1963年）一文中，明确表明了大分县图书馆的设计原则，提出了扩展的必要性——适合图书馆的各种扩建。然而，当谈到乐观派时，应当抛开各种质疑，将诞生、衰老和死亡联系起来。他在文章的开头重笔描绘了“建筑的末世学”，他说：“如果把建筑看成是创造的同义词，那么创造性就应该与无限未来联系在一起，这一点是无可非议的。所以，今天我们不应该将其看为无限，而是有限，或者是终端。换句话说，我们应该把神学家研究死亡的类似办法运用到建筑学当中。在建筑行业里，应该准确地称其为“末世学”。建筑学打开了通向未来的大门，同时也开始走向它的终点。一座完整的建筑，到哪里才能表现未来的前景，以及到什么程度才算促成它的最终灭亡呢？”

2 关于矶崎新对隐喻和与概念相关的空间设计的传统方法所持的立场，请看“立方体的隐喻”（《日本建筑师》，1976年3月，27~28页）。他在文章中写道：“我想在我从事的职业范围内，充分发挥日本对空间的设计方法。在日本建筑学中有一种被称为tateokoshi 的平面设计方法。所有的空间平面都可以利用这个方法进行分析。其理论就是：研究人员从思想上重视对墙壁的设计，对房间内部的墙壁做各种造型设计，从而产生空间感。所以，一个房间的四壁存在着发挥设计作用的潜能；但是房间内的实际空间没有在设计图中完美地表现出来。换句话说，这种建筑设计方法不可能产生对房间空间的幻觉。”

作者：弗兰普顿，“巨型建筑的沉浮：矶崎新和新陈代谢主义的危机1952~1966”，出自《矶崎新1959~1978》，日本A.D.A.Edita出版社，1991年，12~15页（翻译：安娜·马伊诺里）。

五十岚太郎

未建成的建筑

未建成的建筑始于20世纪，其超前感极强，震撼着整个建筑界。它具有超越时间、回顾古建筑和完善未来的巨大能量。以田中纯的观点来看，作为一名建筑师的矶崎新宣称“未来的城市是废墟”，就是自愿表明自己与时代不合拍，这一点在他未建成的建筑造型上表现得也非常明显。在梦幻和无意识的世界里不存在时间的概念。不同的时代与不同的建筑可以在同一个空间中共存。未建成的建筑不受现实世界的影响，所以总是带来新的理念。

矶崎新的语言总是带有讽刺色彩，他肯定了“反建筑学”，实际上，目的是让建筑学本身显现出来。在20世纪末，矶崎新曾经说过：“新世纪的建筑学就是反建筑学。”因为“建筑学”有可能代替“建筑史”，这就意味着“反建筑史”就是唯一的“建筑史”。

在20世纪中叶，伴随着媒体的快速发展，矶崎新进一步提升了自己的设计才能。时间似乎并没有沿着一条直线向前发展，而是不停的轮回。本书搜集了矶崎新某些未实现的设计方案，它们都具有一定的代表性，而为了这些，矶崎新在近40年中一直孜孜不倦地工作着。矶崎新的梦想和愿望就是建立一个高效的网络，他自愿站在对立的浪尖上，通过建筑学研究造型技巧。这可能是源于一座城市的严重被毁（广岛核爆），在这种情况下发表的作品都不只是美好的梦，而是蕴藏着巨大的能量。

“空中城市”和“孵化过程”是矶崎新在20世纪60年代的作品。他想以这种从内部发生和自由结合的方法，达到改善城市作用和密度的目的。所以，过去与未来城市的重叠就被表现得活灵活现，引人注目。

“电脑城市”是矶崎新在20世纪70年代的作品。他在重组和分解建筑学类型上，使用了非常先进的方法。尽管这项设计考虑到了在不同的地方设置不同形状的超市和商场，但是它还是在管理范围内表现出了极大的潜力。

在20世纪80年代的市政厅项目上，矶崎新推荐的办公场所不是摩天大楼，而是一个带有内部庭院的建筑。当时，他知道他的设计可能不会被接受，因为超出了竞赛预定的范围。在方案中，他多处使用了几何图形，可以把它们解释为柏拉图式图形，也可以解释为“风水学”中的图形。

深圳文化中心是矶崎新在20世纪90年代设计的项目中的精品，强调了亚洲风格，规模巨大。第一，它是建立在“网络”基础之上的，体现出各种不同模式的潜能。第二，这个设计方案非常神奇，表现出了中国经济的发展。所有目前存在的建筑物，再过一千年就有可能不复存在了。那时候，地球将迎来一个新的千年，那么建筑史学家们应该如何看待20世纪呢？实际上，只有少数的建筑史料能够得以流传，历史学家们都应该以媒体储存的信息为依据。矶崎新将继续坚持和发展自己的观点，延长木质结构的寿命，对已经实现和未能实现的设计方案不做任何区分。当现存建筑没有存在的必要时，已建成的和未建成的同样没有价值。史学家们很有可能在矶崎新未建成的作品中，发现他对21世纪建筑学的贡献。

作者：五十岚太郎，出自《未建成/反建筑史》，东京TOTO Shuppan出版社，2001年，9~13页。

亚历山德罗·门迪尼
矶崎新

矶崎新是一位个性极强的建筑师，他把两种对立的方法融合在同一个设计方案中，即“纯”与“不纯”。

他把有机的综合性处理方法视为“纯”，从这里归纳出一整套全世界的建筑分类法：只限于建筑学本身和建筑史。而通过人类的存在、人类学以及多种方案的折中而实现的建筑造型则被他视为“不纯”。

矶崎新把这两种截然不同的方法巧妙地融合在了一起：筑波中心大厦项目表现得比较明显，那是他的一个完整的作品。能否将历史和风格的变迁看成是一种语言，用于解释持久性、传统、永恒和秩序的含义呢？矶崎新的回答是肯定的。未来派希望将几个世纪的历史在同一个广场的周围体现出来，就像是一部建筑史百科全书，这是“绝对相信”未来的乌托邦思想。

“真正”的建筑学是以万有引力定律、抽象性、纪念性、在巨大的建筑舞台上无限的发展性以及在一定范围内的显著的地位所决定的。通过“反设计”获得设计方案，也就是“直接”尊重人的顽念，这就是各种试图条理化的、敏感的而又不可捉摸的建筑学的基本要素。实际上，如果今天没有明确的目标，如果不知道“是什么”“为了谁”和“为什么”而设计，如果知道是一个实现不了的“真正”好的设计方案，如果不能准确地考虑到时间的预期、合理的变化，那么，就要在自身上下工夫，相信自己。就如矶崎新一样，他在作品中对一个理想城市贡献出了个人的、异乎寻常的乌托邦理念，这对人类具有纪念意义。

因为对建筑领域内的诸多难题缺乏设计技巧，所以往往是个人观点占据上风：一座毫无目的的建筑，如果只强调“质量”和责任，那么今天一个普通的知识分子，在一个隔离的环境里就能完成这项设计任务。

矶崎新的理想城市是一个永不终止的居住环境。他从综合、拼贴、嵌入、开放、悬念和期望中获取自己的答案。与筑波中心大厦的内部一样，其装修设计由多种想法构成，分成许多段落，环境各异，甚至每一段都有自己的真实含义和中世纪风格、古典风格、新古典主义风格、埃及风格、日本风格及印度风格，通过变化获得整体概念。实际上，除了现实的居住环境之外，我们每一个人都有自己的建筑：精神上的、生理上的和文学上的，现实的家或梦中的家。反对千篇一律，反对灰色一统天下是矶崎新的个性。

这座理想城市就像私人生活的剧院，为各种形象和回忆提供了舞台，在这里，每一个事件都被加工、塑造出了精彩的“舞台效果”。因为在下一个两千年，纪念性建筑就是一个不朽的艺术珍品。

大自然本身就是建筑，而建筑学本身也是建筑：古罗马时期的喷泉和筑波中心大厦的喷泉，哪一个更真实呢？实际上，今天的建筑材料不可能做出真正的古代建筑，木材和大理石也只能是重建和仿造。用手指划破地表层，去寻找“真正”的土，人类学也很有必要从远古时期的起源开始研究。在大都市的复杂环境里，矶崎新所指的人就是要寻求与众不同。

不要太多的塑料制品，不要太多的大众想法，不要太多的重复不变的东西，它们都一样：要不同，要有纪念性，要兼收并蓄。

要有“再创造”的精神，把历史的杰作推向新的生活和新的“文化”。要让旧表现为古：对过去的建筑进行大胆的、创造性的结构改造，一定会有惊人的奇迹出现。

作者：亚历山德罗·门迪尼，编辑：L.Parmesani，安布罗塞蒂当代艺术基金会/ Skira，2004年。

马尔科·卡萨蒙蒂

矶崎新

在今天的建筑大师中，矶崎新是为数不多的通过自己的经验和经历让大家了解建筑设计过程和设计职业的一位。他的造型设计连贯流畅，各种展览会以及对他深层次的分析表现出了这位建筑大师在四十多年的职业生涯中走过的整个路程。他的创造性和隐喻法都集中表现在建筑上，构成了史无前例的反建筑或者从未实现过的乌托邦思想，在建筑领域内显示出了自己的无限想象力。矶崎新的多哈国家图书馆、空中城市，以及在巴塞罗那和深圳设计的项目都具有很大的参考价值。"通过设计和对未来的憧憬，我鼓起了勇气，壮大了胆子，提高了一个建筑师的能力。"但是，就像矶崎新自己解释的那样，过去、现在、未来是相关的，就像历史价值一样，因为这些都与时间有关。对此，矶崎新不承认它的绝对有效性。时间对每一个创作者来说，都具有特殊的重要性、局限性、周期性和不连贯性。

作者：马尔科·卡萨蒙蒂，"表现"，出自*Area*杂志矶崎新专题号，2005年，2页。

参考书目

A. Isozaki, *Frank Lloyd Wright - Johnson & Son, Administrative Building and Reserch Tower, Racine, Wisconsin 1936-9*, "GA Global Architecture", 1, Tokyo, 1970.

A. Isozaki, Y. Ishimoto, *La villa imperiale di Katsura: l' ambiguità dello spazio*, Giunti, Firenze 1987.

A. Isozaki, The *Prints of Arata Isozaki 1977-1984*, Gendai Hanga Center, Tokyo 1983.

A. Isozaki, *Gio Ponti 1891-1979 from the Human-Scale to the Post-Modernism*, The Seibu Museum, Lajima Institute Publishing, 1986.

A. Isozaki, *Barcelona Drawings*, Gustavo Gili, Barcelona 1988.

A. Isozaki, D.B. Stewart, H. Yatsuka, R. Koshalek, *Arata Isozaki 1960-1990 Architecture*, Rizzoli International Publications, New York 1991.

A. Isozaki, *Arata Isozaki - Works 30 - Architectural Models, Prints, Drawings*, Rikoyu-sha Publishing Inc., Tokyo 1992.

A. Isozaki, *Gendai no Kenchiku-ka - Arata Isozaki*, 1-4, Kajima Institute, Tokyo 1977-1993.

A. Isozaki, *Shigen no Modoki: Kajima Institute*, Kashima Shuppankai, Tokyo 1996.

A. Isozaki, *The Island Nation Aesthetic (Polemics)*, Academy Editions, London 1996.

A. Isozaki, *Shuho-ga*, (scritti scelti 1969-1978), Kajima Institute, Tokyo 1997.

A. Isozaki, David B. Stewart, *Arata Isozaki: Four decades of architecture*, Universe, Los Angeles 1998.

A. Isozaki, *Arata Isozaki: Unbuilt*, Toto Shuppan, Tokyo 2001.

A. Isozaki, K. Tadashi Oshima, *Arata Isozaki*, Phaidon Press, London 2007.

P. Drew, *The architecture of Arata Isozaki*, Harper & Row, New York 1982.

K. Frampton, *Arata Isozaki, 1959-1978*, A.D.A. Eidita, Tokyo 1991.

Tsukuba Center Building, "GA Global Architecture", 69, 1993.

H. Hollein, *Isozaki Arata*, Ritter, Klagenfurt 1993.

Y. Doi, *Arata Isozaki. Opere e progetti*, Electa, Milano 1994.

Arata Isozaki, "GA Document Extra", 05, 1996.

P. Drew, *The Museum of Modern Art, Gunma: Arata Isozaki*, Phaidon, London 1996.

Beyond Opera City _ Dialogues at the Edges of Cultural Frontiers, NTT Publishing, Tokyo 1997.

The Mirage City: Another Utopia, NTT Publishing, Tokyo 1998.

Y. Futagawa, *Arata Isozaki, 1991-2000*, A.D.A. Edita, Tokyo 2000.

Arata Isozaki, "GA Architect", 15, 2000.

Arata Isozaki, "GA Document", 77, 2004.

Altri testi presenti nelle sezioni antologiche:

T. Iragashi, *Unbuilt*, in *Arata Isozaki Unbuilt*, TOTO Shuppan, Tokyo 2001.

A. Mendini *Scritti,* a cura di L. Parmesani, Fondazione Ambrosetti arte contemporanea/Skira, 2004.

Arata Isozaki, numero monografico, "Area", 80, 2005.

图片鸣谢

Shigeo Anzai, Tokyo: 31
John Fass, Milano: 8-9
Yukio Futagawa / GA photographers, Tokyo: 26
ORCH / Chemollo, Venezia: 75, 76, 76-77
Pietro Savorelli, Bagno a Ripoli (FI): quarta di copertina, 32, 90
Shinkenchiku-sha, Tokyo: 16-17, 66, 68 (in alto e in basso), 69, 94 (in basso), 102-103
Hisao Suzuki, Barcellona: 6, 10-11, 12-13, 14-15, 20, 36, 38, 40, 41, 42, 44 (in alto e in basso), 44-45, 47, 48, 49, 50-51, 52 (in alto e in basso), 53, 55, 56, 57, 58, 60, 61, 62, 64, 65 (in alto e in basso), 71, 72, 73, 93, 94 (in alto), 96, 98, 99, 100-101, 104, 105, 106, 107, 108-109, 110, 111
Yoshio Takase / GA photographers, Tokyo: copertina

后　记

本书的编写离不开以下人员的参与，正是有了他们的支持和帮助，才使得本书最终顺利完成翻译：

冯贺、伍泉、单德海、王颖丽、冯娜、袁伟、孟长林、李志东、纪盛金、唐国琪